AF455660

EXTRAIT DES ANNALES DES SCIENCES NATURELLES,
4e SÉRIE, T. XVI, CAHIER N° 1.

PLANTES UTILES

DE

LA NOUVELLE-CALÉDONIE,

Par M. E. VIEILLARD,

Médecin chirurgien auxiliaire de la marine, membre correspondant de la Société linnéenne de Caen.

Les Néo-Calédoniens utilisent pour l'alimentation quelques-unes des nombreuses Algues qui croissent sur leurs rivages ; dans plusieurs localités, les femmes recueillent à l'embouchure des rivières les *Enteromorpha compressa* Grev., *ramulosa* et *complanata* Kutz., dont elles paraissent être très friandes. L'*Ulva nematoidea* Bory, toutes les espèces de *Caulerpa*, le *Turbinaria ornata* Kutz., sont également recherchés ; mais le *Laurentia Wrightii* Kutz. l'emporte de beaucoup sur toutes ces plantes par ses qualités nutritives ; abondamment répandu sur certains récifs, il a plus d'une fois sauvé la vie à de pauvres indigènes naufragés, en les empêchant de mourir de faim. Ses frondes intriquées, de la grosseur d'une plume d'oie, d'un vert d'olive, cassantes, gélatineuses, n'ont rien de désagréable au goût, et peuvent se manger crues.

Ce n'est cependant pas généralement le manque de nourriture, comme cela arrive pour différentes tribus des zones polaires, qui porte les habitants de la Nouvelle-Calédonie à employer les plantes marines, car ces peuplades n'en font jamais tant usage qu'au moment de la récolte des Ignames, c'est-à-dire lorsqu'ils regorgent de vivres. Ce goût prononcé pour les fucus ne viendrait-il pas de ce que, ne faisant jamais emploi de sel marin, ces sauvages auraient senti le besoin d'y suppléer au moyen du chlorhydrate de soude et de l'iode que renferment ces végétaux ?

Chaque jour le flot jette à la côte une assez grande quantité de Varechs, dont on pourrait se servir pour engrais.

On rencontre fréquemment sur les troncs d'arbres une espèce de Polypore qui a beaucoup d'analogie avec le *Polyporus igniarius* Pers. Les Calédoniens font brûler ce Champignon, et ils en retirent une poudre semblable au noir de fumée, dont ils se servent pour se barbouiller la face et le corps les jours de fête ou de combat.

A Kanala, Nakéti, les naturels mangent un *Hydnum* voisin de l'*Hydnum Caput-Medusæ* Fries. L'*Agaricus edulis* Bull.? est commun à Port-de-France, et fait les délices des Européens.

Quoique nombreux et variés, les Lichens ne paraissent pas être d'une grande utilité pour les Néo-Calédoniens ; cependant ils emploient comme topiques, contre les brûlures et diverses maladies de la peau, une poudre qu'ils obtiennent en raclant avec une coquille les pierres couvertes de Lécidées et de Verrucaires. Ce remède, que nous avons vu expérimenter plusieurs fois, ne nous a pas paru mériter beaucoup de confiance.

Les *Sticta aurata* Ach., *S. hypopsiloides* Nyl., *S. prolificans* Nyl., *S. carpolomoides* Nyl. et quelques autres, pourraient peut-être remplacer les *Sticta pulmonaria* V.

La belle et intéressante famille des Fougères est richement représentée en Nouvelle-Calédonie (160 espèces environ). A côté de Cyathées géantes de 25 mètres de hauteur, spécimens rares de la végétation primordiale, le botaniste est tout surpris de rencontrer des espèces microscopiques comme le *Microzonium bimarginatum* R. Br.; mais pour ne pas sortir de notre sujet, nous ne nous occuperons que des Fougères qui rendent quelques services aux indigènes comme plantes alimentaires ou médicinales, et enfin de celles que l'élégance de leurs frondes fait rechercher par les deux sexes au profit de la coquetterie.

Pteris esculenta Forst. Cette espèce est très répandue en Calédonie, mais ses rhizomes durs et amers sont peu prisés ; ils ne sont guère employés que dans les cas extrêmes.

Le *Cyathea Vieillardi* Mett. atteint 4 ou 5 mètres de hauteur; son stipe, de 0^m,12 à 15 centimètres de diamètre, est aux trois quarts rempli par une moelle blanchâtre, contenant une certaine quantité de fécule. Cette moelle, qui n'a rien de désagréable au goût, est très prisée; aussi les Néo-Calédoniens recherchent-ils cette plante avec soin, et lui laissent-ils à peine le temps de se développer. En faisant des incisions au stipe ou à la base des frondes, on obtient un suc mucilagineux qui se coagule en une sorte de gelée assez fade et peu nourrissante.

Les *Alsophila Novæ Caledoniæ* Mett. et *Alsophila intermedia* Mett. donnent une matière analogue.

Les rhizomes des *Gleichenia dichotoma* et *G. flabellaris* sont également utilisés comme alimentaires dans les années de disette.

De toutes les Fougères comestibles, la plus précieuse et la plus recherchée, à cause de la grande quantité de matières nutritives qu'elle renferme, est l'*Angiopteris evecta* Hoff. Cette espèce croît abondamment sur le bord des torrents et dans les bois humides des montagnes. Son rhizome, très gros, a quelque ressemblance dans la forme avec la souche du *Tamnus elephantipes;* il est en grande partie composé d'une matière fibro-mucilagineuse, dans laquelle on trouve un peu de fécule.

Les jeunes frondes de l'*Helminthostachys zeylanica* Hook. peuvent être préparées et servies en guise d'Asperges.

Broyées et triturées avec de l'huile de coco, les pinnules aromatiques du *Polypodium phymatodes* Linn., de l'*Angiopteris evecta*, font la base d'un liniment très employé par la médecine indigène contre les douleurs rhumatismales.

Les frondes élégantes du *Gleichenia dicarpa* R. Br., du *Lygodium reticulatum* Schk., du *Dicksonia thyrsopteroides* Mett., du *Stromatopteris moniliformis* Mett., des *Lycopodium cernuum* et *mirabile*, sont généralement employées pour la confection des couronnes, dont les indigènes se parent les jours de fête.

Les longues radicelles noires et brillantes du *Blechnum gibbum* Mett., *Lomaria* Labill., servent dans le nord à orner le sommet des cases, ou de perruques pour les dangates, espèces de masques dont ils font usage pour certaines danses.

Les Graminées, quoique comparativement peu nombreuses en espèces, sont tellement répandues en Calédonie, qu'elles constituent, à elles seules, les trois cinquièmes de la végétation prise en masse.

Parmi les plantes de cette famille qui peuvent offrir de l'intérêt à l'éleveur de bestiaux, nous citerons les *Panicum*, *Paspalum*. *Eleusine*, *Cynodon* et *Digitaria ;* malheureusement ces espèces ne se rencontrent presque jamais réunies en masses susceptibles de former des prairies.

L'*Andropogon austro-caledonicum*, au contraire, ne vit bien qu'en société ; c'est lui qui forme presque exclusivement les pâturages si abondants sur le littoral, dans les vallées et même sur les flancs des montagnes.

Jeune, cette Graminée convient très bien aux bêtes à cornes, aux chevaux et aux moutons ; mais lorsqu'elle a pris tout son accroissement, ses chaumes et ses feuilles deviennent durs ; alors ils ne sont plus propres qu'à couvrir les cases ou à faire des engrais. Lors de la maturité des épis, les soies longues et rigides qui surmontent les graines rendent cette plante très dangereuse pour la race ovine, car elles pénètrent, à travers la laine, jusque dans la peau, et occasionnent des maladies désastreuses.

Malgré ces inconvénients, auxquels, du reste, il est facile de remédier en la brûlant ou en la fauchant périodiquement, cette plante est très précieuse pour le pays, et rendra de très grands services à la colonie. Son rhizome rampant et sucré peut remplacer la racine de Chiendent.

Le *Coix arundinacea* est commun dans les endroits bas et humides ; ses feuilles sont regardées comme médicinales par les indigènes ; ses graines blanches et luisantes servent aux jeunes filles à faire de charmants colliers.

L'*Andropogon Schœnanthus* Lin. est généralement cultivé, à cause de l'odeur aromatique de son rhizome et de ses feuilles. Dans plusieurs localités, Balade, Puèbo, etc., les naturels ne manquent jamais de planter quelques pieds de *Schœnanthus* à l'une des extrémités de leurs champs d'Ignames, car ils croient que cette plante a la propriété de donner bon goût aux tubercules.

Les Européens désignent cette herbe sous les noms de *Citronnelle*, d'*herbe de Chameau*, et l'emploient en infusion comme le Thé.

Par la distillation, on en obtient une eau aromatique, qui nous a rendu quelques services dans le traitement des ulcères atoniques et des rhumatismes.

Les chaumes robustes de l'*Erianthus floridus* servent aux Néo-Calédoniens à faire des flûtes, des treillages pour l'intérieur des cases et des rames provisoires pour les Ignames.

Une espèce de *Bambusa*, que nous croyons être la même que celle qui croît à Taïti, est fort recherchée par les naturels; c'est avec ses tiges qu'ils fabriquent ces sortes de cannes, ornées d'hiéroglyphes destinés à rappeler un fait important, et qui, suivant les circonstances, leur servent de bâton de voyage, d'escarcelle ou de tambour. Les femmes font avec ces mêmes tiges des peignes fort élégants; les éclats tiennent lieu d'instruments de chirurgie et de couteaux à dépecer.

Le *Saccharum officinarum* Lin. est la seule Graminée qui soit utilisée en Calédonie pour l'alimentation; abondamment répandue sur toute la surface de l'île, cette plante, quoique soumise à une culture mal entendue et mal dirigée, donne cependant de fort beaux produits; ainsi nous avons fréquemment rencontré des Cannes de 4 mètres de haut, sans la flèche, mesurant 6 centimètres de diamètre.

La Canne de la Nouvelle-Calédonie nous a paru un peu moins sucrée que celle de Taïti; mais hâtons-nous d'ajouter que nous n'avons pu expérimenter que sur des pieds qui n'étaient pas arrivés à maturité, car les indigènes dédaignant la Canne mûre, parce qu'elle est trop sucrée, la coupent toujours avant son entier développement; c'est cette même raison qui leur fait préférer les variétés les plus aqueuses. Tout nous porte donc à croire que la Canne de la Nouvelle-Calédonie pourra, lorsqu'elle sera soumise à une culture rationnelle, rivaliser avec les meilleures espèces connues.

De ce que l'on rencontre fréquemment au milieu des broussailles et même sur les montagnes des pieds isolés de *Saccharum officinarum*, on aurait tort d'en conclure que cette plante est indigène, car ces plants, faibles et rachitiques, accusent simplement d'anciennes plantations, ou proviennent de fragments de Cannes oubliés par les naturels qui voyagent rarement sans avoir un morceau de Canne à sucre à la main. Il est présumable que, comme le Bananier, l'Igname et le Taro que l'on ne retrouve jamais à l'état sauvage, cette précieuse Graminée a suivi la migration qui a peuplé la Calédonie et les autres îles du Grand-Océan.

Quant au *Sacchlrum spontaneum* Forst., nous nous sommes assuré qu'il devait rentrer dans le genre *Erianthus* Rich.

Les Néo-Calédoniens cultivent un grand nombre de variétés de Canne à sucre, qu'ils désignent par des noms particuliers; mais un examen attentif nous a démontré qu'on pourrait les réduire à cinq, savoir :

1° Cannes à tiges velues;
2° Cannes à tiges glabres, violettes ;
3° Cannes à tiges glabres d'un blanc violacé;
4° Cannes à tiges glabres rubanées;
5° Cannes à tiges glabres d'un jaune verdâtre.

Cannes à tiges velues.

Pounémate des indigènes de Balade. Tige d'un gris violacé, très velue ; poils dressés ; gaînes des feuilles munies à leurs bases de poils longs et serrés ; entre-nœuds gros et longs ; moelle blanche, peu sucrée.

Kabopolénouen. Tige grosse, violette, couverte de poils cendrés, courts, très serrés; gaînes velues à la base; entre-nœuds moyens, un peu renflés au milieu ; moelle blanche, à cassure nette, assez sucrée.

Cannes à tiges glabres, violettes.

Niengou (Balade). Tiges lisses, ligneuses, d'un brun violet; entre-nœuds longs; moelle violacée, peu aqueuse, bien sucrée.

Goréate (Balade). Tiges violettes; entre-nœuds plus courts que dans la variété précédente ; moelle blanche, très aqueuse, peu sucrée.

Kinémaite (Balade). Tiges d'un violet foncé; entre-nœuds moyens; moelle violacée, sèche, parfumée.

Poilote (Balade). Tiges violettes; moelle blanche, sèche et bien sucrée.

Maiou (Balade). Tiges robustes violettes; entre-nœuds moyens; moelle blanche, sèche, peu sucrée.

Koubala (Balade). Tiges d'un violet foncé, très longues, grêles, couchées; entre-nœuds longs, ligneux; moelle blanche, aqueuse, peu sucrée.

Kiaboué (Balade). Tiges grêles, ligneuses, d'un violet clair; entre-nœuds longs; moelle blanche, médiocrement sucrée.

Migao (Balade). Tiges d'un violet clair; moelle violacée, aqueuse.

Sthiabangui (Balade). Tiges pruineuses, d'un violet clair; entre-nœuds moyens; moelle blanche.

Ouenou (Balade). Tiges d'un violet clair avec des bandes de même couleur plus foncée; moelle blanche, assez sucrée.

Niemba (Balade). Tiges d'un violet clair; moelle jaunâtre, médiocre.

Cannes à tiges glabres, d'un blanc violacé.

Païambou (Balade). Tiges grosses, d'un blanc violacé; entre-nœuds moyens; moelle jaune, très aqueuse, un peu parfumée.

Pobone (Balade). Diffère peu de la précédente, mais sa moelle n'est pas parfumée.

Schimate (Balade). Tiges moyennes, d'un blanc violacé; entre-nœuds courts; moelle blanche, peu sucrée.

Tshiambo (Balade). Tiges très grosses, d'un blanc violacé; entre-nœuds courts; moelle jaunâtre, parfumée et assez sucrée.

Cannes à tiges glabres, rubanées.

Délénolé (Balade). Tiges très grosses, d'un beau violet, marquées de bandes longitudinales jaunes et inégales; entre-nœuds longs; moelle blanche, aqueuse, peu sucrée, et par conséquent très prisée par les naturels.

Gadénadeboui (Balade). Tiges robustes, d'un violet clair, marquées de bandes longitudinales jaunes; entre-nœuds longs; moelle rougeâtre, assez sucrée.

Mébouangué (Balade). Tiges très grosses, à fond violet clair, avec des bandes longitudinales plus foncées; moelle blanche, aqueuse, assez sucrée, fort estimée.

Ouénoupoudendate (Balade). Tiges grosses, d'un violet foncé avec bandes plus claires; entre-nœuds courts; moelle blanche, sèche, laissant à la bouche un goût d'amertume.

Boinlioua (Balade). Tiges robustes, à fond jaune avec bandes longitudinales violettes; moelle blanche, peu sucrée.

Tangalite (Balade). Tiges robustes, à fond jaune verdâtre avec bandes longitudinales d'un violet foncé; entre-nœuds moyens; moelle blanche, peu sucrée.

Ouénébail (Balade). Tiges grosses, à fond jaune verdâtre; bandes longitudinales violettes; entre-nœuds moyens; moelle blanche, assez sucrée.

Thsiogan (Balade). Tiges robustes, à fond jaune verdâtre; bandes longitudinales d'un violet clair; entre-nœuds moyens; moelle jaune, assez sucrée.

Tilibi (Balade). Tiges moyennes glauques, d'un blanc violacé avec bandes d'un violet plus foncé; moelle jaune, un peu aromatique.

Moindiène (Balade). Tiges moyennes d'un violet foncé avec bandes longitudinales jaunâtres; entre-nœuds moyens; moelle blanche, très sucrée.

Ngala (Balade). Tiges jaunâtres avec bandes longitudinales d'un violet clair; moelle jaune.

Jate ou *Oundièpe-ait* (Balade). Tiges très grosses et très longues, à fond jaune verdâtre, marbré de violet et de vert; entre-nœuds très longs; moelle blanche, aqueuse, à goût aromatique.

Mouéouéte (Balade). Tiges moyennes, jaunâtres, avec bandes vertes; moelle jaune, assez sucrée.

Moène (Balade). Tiges longues et robustes, d'un violet clair marbré de jaune ; moelle jaunâtre.

Ariva (Balade). Tiges jaunâtres avec bandes longitudinales d'un vert de pré, qui, le plus souvent, n'atteignent pas l'extrémité inférieure des entre-nœuds ; moelle blanche, assez sucrée.

Ouane (Balade). Tiges robustes, d'un violet clair, marquées de taches plus pâles ; moelle blanche.

Ouali (Balade). Diffère de la précédente par ses bandes plus apparentes et sa moelle jaunâtre qui est plus sucrée.

Dilou (Balade). Tiges grêles, à fond verdâtre, marbrées de roux ; entre-nœuds longs ; moelle jaunâtre.

Arolam (Balade). Tiges robustes, très grosses, à fond jaunâtre marbré de violet clair ; entre-nœuds courts ; moelle jaune, aqueuse, aromatique et peu sucrée. Destinée spécialement aux chefs.

Dogangnéni (Balade). Tiges grosses, à fond jaunâtre avec des taches d'un violet clair et des bandes vertes, triangulaires, à sommet inférieur ; entre-nœuds moyens ; moelle jaune, assez sucrée, aromatique.

Cannes à tiges glabres, vertes ou jaunâtres.

Pidiak (Balade). Tiges moyennes d'un vert de pré ; entre-nœuds courts ; moelle jaune, assez sucrée.

Kondimoua (Balade). Tiges grêles, d'un jaune verdâtre ; entre-nœuds longs ; moelle blanche, aromatique, assez sucrée.

Ouen Mangia (Balade). Tiges moyennes, d'un jaune verdâtre avec quelques stries violettes peu apparentes ; moelle blanche, assez sucrée, très prisée par les indigènes.

Païème (Balade). Tiges robustes, d'un jaune verdâtre ; entre-nœuds longs ; moelle blanche, peu sucrée.

Boiépe (Balade). Tiges jaunâtres ; moelle jaune, peu sucrée.

La Canne à sucre est certainement la plante alimentaire dont les indigènes de la Nouvelle-Calédonie font la plus grande consommation, car ils en mangent comme passe-temps, à tous les instants de la journée.

Jamais elle ne manque de figurer dans les fêtes, où on l'apporte par paquets volumineux, qui sont distribués entre les assistants ; elle est servie comme rafraîchissement dans les causeries du soir ; elle entre toujours dans les présents que l'on fait aux étrangers, et, ainsi que nous l'avons dit, rarement un Calédonien se met en route sans s'être muni d'une ou plusieurs de ses tiges. A Kanala et dans d'autres localités du sud, la Canne figure parmi les aliments que l'on dépose sur les moraïs élevés aux morts, près de leurs anciennes habitations ; ailleurs, elle est offerte en présent aux génies malfaisants.

Les plantations de Cannes se font ordinairement en massifs près des habitations, ou en lignes sur les côtés des champs de Taros et d'Ignames. La manière dont les indigènes y procèdent est des plus simples : ils commencent par brûler les herbes, après quoi ils donnent un ou deux labours, et plantent à 1 mètre de distance les sommités des vieilles tiges en les enfonçant perpendiculairement en terre ; rarement ils les couchent, comme le font les Européens. Ces plants mettent généralement dix-huit mois à prendre leur entier développement, mais dès le neuvième mois on commence à les couper. Lorsqu'il se trouve plusieurs tiges sur une même souche, comme cela a toujours lieu dans les vieilles plantations, les naturels les rapprochent et les lient fortement ensemble, afin de les rendre, par l'étiolement, plus tendres et plus aqueuses.

Dans les Cypéracées, deux plantes seules offrent de l'intérêt ; ce sont les *Eleocharis esculenta* et *E. austro-caledonica*.

Eleocharis esculenta (*Herb. de la Nouvelle-Calédonie*, n° 1456).

Plante herbacée, touffue, stolonifère ; stolons munis de tubercules farineux, ayant beaucoup de ressemblance avec ceux du *Cyperus esculentus* Lin. ; tiges dressées, aphylles, de 40 à 50 centimètres de hauteur ; jonciformes, lisses, de couleur verte, divisées intérieurement par de nombreux diaphragmes peu apparents sur le frais ; gaînes pellucides, membraneuses, courtes, terminées par une ligule triangulaire aiguë.

Fleurs en épis allongés, verdâtres, hermaphrodites, les inférieures stériles; écailles verdâtres, membraneuses, larges, concaves, scarieuses sur les bords, striées au centre; périgone soyeux; soies 8, inégales, blanches et scabres; étamines 3; anthères allongées, mucronées, deux fois plus longues que les filets; ovaire comprimé, surmonté d'un style persistant; graine noire luisante.

Cette Cypéracée est très commune dans les endroits inondés; ses tubercules sont alimentaires et assez recherchés.

ELEOCHARIS AUSTRO-CALEDONICA (*Herb. de la Nouvelle-Calédonie*).

Racines fibreuses; tiges aphylles, longues d'un mètre et plus, molles, d'un vert tendre; diaphragmes nombreux, peu apparents; épis allongés, verdâtres.

Croît dans les eaux stagnantes, à Balade, etc.

C'est avec les tiges molles et résistantes de ces deux plantes que les Néo-Calédoniens confectionnent les manteaux dont ils se couvrent dans les temps de pluie et pendant la nuit. Ces manteaux, qui ont la forme d'un châle triangulaire, sont nattés du côté que l'on applique sur le corps, tandis que l'extérieur est recouvert par le bout des tiges, dont les longs chaumes tombent en s'imbriquant les uns sur les autres.

Les tiges rigides de plusieurs autres Cypéracées servent à faire les corbeilles, dans lesquelles on soumet au lavage la pulpe âcre du *Dioscorea bulbifera*.

Les *Flagellaria* fournissent des cannes fort élégantes, mais peu solides.

Les feuilles mâchées du *Dianella ensifolia* sont très souvent employées pour panser les ulcères; elles entrent aussi, conjointement avec d'autres plantes dont nous parlerons plus loin, dans la composition de la teinture noire; ses baies sont recherchées par les enfants qui les mangent avec plaisir.

Contrairement aux habitants de Taïti, les Néo-Calédoniens ne regardent pas les tiges et les rhizomes du *Cordyline terminalis*

Kunth comme alimentaires ; mais ils utilisent souvent ses larges feuilles pour envelopper le poisson qu'ils font cuire à l'étuvée dans les fours. Ces mêmes feuilles sont un excellent fourrage pour les bestiaux.

Ce sont les tiges sarmenteuses du *Smilax orbiculata* Labill., qui fournissent ces jolies cannes rouges ou noires tant prisées des amateurs.

La famille des Dioscorées n'est représentée en Nouvelle-Calédonie que par le genre *Dioscorea* seul. Des cinq espèces que renferme ce genre, deux sont indigènes; ce sont les *Dioscorea bulbifera* et *D. pentaphylla ;* les trois autres *Dioscorea alata*, *D. Uote*, *D. aculeata*, que l'on ne rencontre jamais à l'état sauvage, ont dû être importées à une époque fort reculée sans doute, et qu'il est impossible de préciser.

DIOSCOREA BULBIFERA Forst., *Dèsmouan* des indigènes.

Rhizome tubéreux de la grosseur du poing, allongé, tronqué à son extrémité inférieure, et couvert de fibrilles radiculaires; tige grêle, cylindrique, tordue, striée, volubile à gauche ; feuilles alternes, larges, cordiformes, étalées, entières, luisantes en dessus, nervées, un peu ondulées sur les bords, et terminées en pointe scarieuse; nervures de 11 à 13.

Fleurs en longs épis axillaires ou terminaux, réunis deux à quatre ensemble; périgone petit, violacé ; capsule dressée, trigone, comprimée; loges à deux graines ailées.

L'aisselle des feuilles supérieures donne presque toujours naissance à des turions plus ou moins volumineux, souvent de la grosseur d'un œuf; ces tubercules sont grisâtres, rugueux, bosselés, et présentent des yeux comme la Pomme de terre. Lorsque les bonnes espèces d'Ignames commencent à manquer, les femmes recueillent les tubercules et les turions de cette plante, et les mangent, après les avoir soumis au lavage pour leur enlever le principe âcre qu'ils contiennent; à cet effet, elles les râpent grossièrement, et elles en emplissent les petites corbeilles dont nous avons parle, qu'elles suspendent pendant quelques heures au-dessous d'un filet d'eau.

Le *Dioscorea bulbifera* est très commun, et est très recherché à une certaine époque de l'année.

DIOSCOREA PENTAPHYLLA Forst., *Pâa* des indigènes.

Cette plante est un peu moins commune que la précédente, mais elle est meilleure ; aussi la rencontre-t-on quelquefois cultivée.

Rhizomes globuleux de médiocre grosseur, à écorce grisâtre, couverts de fibrilles ; tiges herbacées, volubiles à gauche, arrondies, striées, tomenteuses, et fréquemment bulbifères à l'aisselle des feuilles ; feuilles alternes, à pétiole court, tomenteux, canaliculé et genouillé à la base ; limbe à trois ou cinq divisions profondes, courtement pétiolées, allongées, elliptiques, souvent inégales, entières, aiguës, tomenteuses ; ovaire triangulaire, velu ; styles 3, divariqués ; stigmate subbifide.

DIOSCOREA ALATA Linn., *Oubi* (Balade), *Oufi* (Diaoué), *Kou* (Yaté).

Rhizome charnu, très gros et très long dans certaines variétés, pivotant, simple ou digité, à écorce mince, grisâtre ou violacée ; tige verte ou violette, très longue, rameuse, volubile à gauche, tétragone, ailée sur les angles ; feuilles de la couleur des tiges, opposées, pétiolées, hastées, glabres, entières, à cinq nervures ; pétiole genouillé à la base, ailé, de moitié plus court que le limbe ; fleurs en épis terminaux ou axillaires, petites, herbacées, subsessiles ; capsules allongées, glabres, ailées sur les angles.

Cette espèce est la plus importante, et par conséquent la plus généralement cultivée ; elle fournit un grand nombre de variétés, que les habitants de Balade désignent sous les noms suivants : *Alamporo*, *Kacodi*, *Kandote*, *Ouangoura*, *Tanli*, *Jaoute*, *Pouan*, *Malonga*, *Sthiabo*, *Ouabélo*, *Mondate*, *Jania*, *Malio*, *Oualaote*, *Koubate*, *Bouine*, *Ou*, *Oudiema*, *Banate*, *Gobouéa*, *Ouala*, *Kavé*, *Tala*, *Nomoua*, *Bouaou*, *Stchiadegon*, *Oubamo*, *Béooua*, *Jara*,

Alaouan, etc.; mais toutes ces variétés peuvent se réduire à quatre, savoir :

1° Tiges vertes, tubercules fusiformes à écorce grisâtre ;

2° Tiges vertes, tubercules digités à écorce grisâtre ;

3° Tiges violettes, tubercules fusiformes à chair violacée ;

4° Tiges violettes, tubercules digités à chair violette.

DIOSCOREA, *Uote* des indigènes.

Très voisine du *Dioscorea alata*, dont elle diffère cependant par ses tiges presque cylindriques, non ailées, et par ses feuilles cordiformes-oblongues. Elle fleurit assez souvent.

DIOSCOREA ACULEATA. *Ouàlé* à Balade, *Ouare* à Yaté, peut-être l'*Oncus* de Loureiro (fl. de Coch.).

Rhizome rameux, stolonifère ; stolons courts donnant naissance, à leur extrémité, à des tubercules arrondis de la grosseur du poing ; tige très rameuse, couchée, volubile à gauche, arrondie, striée, de couleur bistre, armée d'aiguillons courts et recourbés ; feuilles alternes, courtement pétiolées ; pétiole genouillé et muni à sa base de deux aiguillons ; limbe glabre, coriace, cendré en dessous, cordiforme, aigu, fortement réticulé en dessus, et marqué de huit à neuf nervures.

Cette plante, annuelle comme les *Dioscorea alata* et *Uote*, ne fleurit jamais. Chaque pied fournit sept ou huit tubercules très farineux, qui ne sont guère inférieurs en qualité à ceux de la Pomme de terre; ils sont l'apanage presque exclusif des chefs et des riches, et sont fort prisés par les Européens.

Les indigènes de la Nouvelle-Calédonie apportent un soin tout particulier à la culture des différentes espèces d'Ignames, mais surtout à celle du *Dioscorea alata*, qui a autant d'importance pour eux que le Blé en a pour nous; ses tubercules, en effet, sont la base de leur nourriture.

Au mois de juillet dans le nord, un peu plus tard dans la partie sud de l'île, chaque individu brûle les herbes qui couvrent le champ dont il a fait choix pour ensemencer. Quelques jours après, il convoque ses amis pour l'aider à labourer : hommes et femmes se rendent alors au champ; les hommes défrichent la terre à l'aide de longs pieux pointus et durcis au feu, tandis que les femmes et les enfants brisent les mottes et épluchent les racines. Comme l'Igname demande un sol meuble et profond, et que l'imperfection des instruments ne permet pas de remuer le sol assez profondément, on y remédie en empruntant aux champs voisins la terre nécessaire pour lui donner plus d'épaisseur. Quinze jours ou trois semaines après ce premier labour, on en donne un second qui a pour but d'achever de diviser la terre et de la niveler, après quoi on procède à la plantation. Les tubercules, coupés par tronçons de 10 à 12 centimètres, sont plantés en lignes ou en quinconce, et espacés d'un mètre environ. Le planteur fait avec la main une petite fosse de 10 à 12 centimètres de profondeur, dans laquelle il couche horizontalement le morceau de tubercule, et le recouvre en amoncelant la terre, de manière à former une petite butte qu'il arrondit avec les mains.

Du quinzième au vingtième jour, les Ignames commencent à pousser, et, au fur et à mesure que les tiges paraissent, on leur met des supports provisoires en roseau, etc. Lorsque les plants ont atteint 40 à 50 centimètres de hauteur, on donne un sarclage, et l'on remplace les roseaux par des rames. A partir de ce moment jusqu'à la maturité des tubercules, les indigènes sont continuellement occupés aux champs pour sarcler, butter ou diriger et fixer les tiges à leurs supports. Pour pouvoir atteindre au sommet des rames qui sont quelquefois fort hautes, les indigènes se servent d'une espèce de gros pieu, auquel ils font des entailles qui leur tiennent lieu d'échelons. Au bout de sept à huit mois, les tubercules ont acquis assez de développement pour être utilisés. A ce moment, chaque tribu célèbre une fête dite *fête des Ignames;* cette fête, à laquelle les tribus voisines et amies sont invitées, consiste en danses de toutes sortes et en repas copieux, dont les Ignames nouvelles composent le fond.

C'est principalement à cette occasion que les Néo-Calédoniens se livrent à l'anthropophagie ; plus on mange de chair humaine dans une fête, plus elle est réputée brillante. Ainsi, pendant notre séjour à Balade, nous avons souvent entendu citer, comme la plus belle que l'on eût vue depuis longtemps, celle dans laquelle les habitants d'Arama égorgèrent et mangèrent treize hommes de Nénéma, car ordinairement ce sont les étrangers qui font les frais de ces festins ; cependant il n'est pas rare de voir des chefs sacrifier leurs propres sujets.

Après cette fête, le tobu qui régnait sur les plantations est levé, et chacun peut disposer à son gré de ses produits et même les gaspiller, comme cela arrive journellement ; la prévoyance, en effet, paraît inconnue aux Calédoniens qui ne s'inquiètent jamais du lendemain.

On laisse les Ignames en terre jusqu'à ce que les feuilles soient entièrement fanées ; on les arrache alors, et on les conserve soit sur des espèces de claies, soit dans de petites cases construites uniquement pour cet usage.

Chaque pied de *Dioscorea alata* porte d'un à trois tubercules ; lorsqu'il s'en développe davantage, on les arrache. Plus les terres sont légères et profondes, plus les produits sont beaux ; il n'est pas rare de voir des tubercules, d'un mètre de longueur, peser 8 et 10 kilogrammes.

Toutes les espèces d'Ignames se mangent cuites dans l'eau ou grillées sur les charbons. Les indigènes préparent, avec des tranches d'Ignames et du Coco râpé, une sorte de bouillie assez bonne, qu'ils appellent *Loloil.*

TACCA PINNATIFIDA Forst. (*Baolan* des indigènes), *Pia* à Taïti.

Très abondant dans le nord de la Calédonie, le *Tacca pinnatifida* manque complétement dans le sud ; cette exclusion nous paraît plutôt tenir à la nature du sol qu'à la différence de température.

Les Néo-Calédoniens font rarement usage des tubercules de *Pia ;* ils prétendent que cet aliment leur occasionne des maladies de peau et des douleurs d'entrailles. Ce fait n'a, du reste, rien d'étonnant, et s'explique par le principe âcre que l'on sait exister dans cette plante.

Les tubercules du *Tacca* renferment une grande quantité de fécule, environ 30 pour 100. Cette fécule isolée de la pulpe, et rendue inoffensive par plusieurs lavages, est appelée *Arrow-root* par les Taïtiens et les Anglais, qui l'emploient dans quelques préparations culinaires, et pour le gommage du linge.

Les hampes, préalablement soumises au rouissage et raclées sous l'eau, fournissent aux Taïtiennes les belles pailles avec lesquelles elles confectionnent ces couronnes si élégantes qu'on a tant admirées à l'exposition des produits coloniaux.

Le *Curculigo stans* Gaud. fournit une longue racine charnue fort bonne à manger, dont le goût rappelle celui du Salsifis. Les indigènes en font souvent usage.

On trouve sur les hautes montagnes un *Conostylis* charmant qui mérite de fixer l'attention des amateurs de fleurs.

Le *Crinum asiaticum* se prête fort bien à la culture, et il est déjà assez répandu dans les jardins de la colonie.

Nous citerons encore comme plante d'ornement le *Calanthe speciosa*, certainement l'une des plus belles espèces du genre.

CALANTHE SPECIOSA Nob. (*Herb. de la Nouvelle-Calédonie*, n° 1303).

Plante vivace, herbacée, pseudo-bulbifère ; feuilles toutes radicales, larges, oblongues, atténuées à la base, fortement nervées et comme plissées, lisses sur les deux faces ; fleurs blanches, très grandes, disposées en un long épi entremêlé de bractées foliacées ; folioles extérieures du périgone oblongues-lancéolées, aiguës, nervées, plus longues que les intérieures qui ont la même forme, et sont libres d'adhérence avec le labelle ; labelle très large, presque aussi long que les divisions intérieures, subtrilobé, arrondi au sommet, adhérent par sa base à la colonne staminifère, et terminé par un éperon court. — Colonne staminifère dressée, épaisse, comme charnue, moitié moins longue que le labelle, dilatée à son extrémité supérieure ; masses polliniques 8, atténuées à la base, réunies quatre par quatre, et entourées d'une glande bipartite, subfimbriée. Lieux humides des montagnes et des hautes vallées à Balade, Yaté, Kanala, etc.

Les rhizomes de l'*Amomum zeylanicum* (*Cardamomum longum* Lin.), sont employés, séchés au soleil, par les indigènes pour teindre en jaune. Ils sont assez avantageusement vendus sur la place de Sydney.

Avant l'occupation française les Calédoniens ne connaissaient que quatre espèces de Bananiers : ***Musa Fehi*** Bert., ***M. paradisiaca*** Lin., ***M. discolor*** Hort. et ***M. Poïete*** (*oleracea* Nob.).

Les ***Musa sinensis*** et ***sapientum***, introduits depuis quelques années seulement, commencent à se répandre, et sont déjà cultivés dans certaines tribus.

Musa Fehi Bert., *Daak* des indigènes.

Tronc robuste de 5 à 6 mètres de hauteur, de couleur verdâtre avec des bandes violacées, rempli d'un suc abondant d'un beau violet; limbe des feuilles très ample, fortement nervé.

Inflorescence en un long spadice terminal *dressé ;* fleurs subsessiles, 6-8 dans l'aisselle des spathes, dressées et dépourvues de bractées; périgone bilabié; labelle supérieur tubuleux, strié, divisé postérieurement jusqu'à la base, subéperoné, à cinq lobes inégaux, terminés par des soies aiguës; labelle inférieur court, concave, strié, subdiaphane; étamines 5, trois fois plus courtes que le style qui est épais et comprimé; stigmate en massue, infundibuliforme, à six lobes courts; baies oblongues, anguleuses, dressées, à écorce épaisse, jaune à la maturité; pulpe médiocre crue, mais excellente cuite; quelquefois les graines acquièrent leur entier développement, et peuvent germer.

Le suc violet que l'on retire des tiges par incision sert à teindre en bleu.

Le ***Musa Fehi*** est peu cultivé; il croît spontanément dans les montagnes; il se multiplie par drageons et par semences.

MUSA PARADISIACA Linn., *Poigate* des indigènes.

Ce Bananier est de beaucoup le plus cultivé et le plus répandu; il fournit, comme partout, un grand nombre de variétés, que l'on désigne dans le nord sous les noms de *Poindo*, *Pâte*, *Païnou*, *Cabo*, *Pounienboro*, *Do*, *Minda*, *Poindi*, *Poindape*, *Païnape*, *Poingaboïte*, *Tiguite*, *Bariendo*, *Néme*, *Maiéouéte*, *Poinguiouape*, *Poinguième*, *Poingou*, *Pébolemboua*, *Poiio*, *Poindiali*, *Stchiendape*, *Stchiabéou*, etc. Ces différentes variétés n'ont aucun caractère distinctif tranché; elles se reconnaissent à la taille, à la grosseur des régimes et des fruits.

MUSA DISCOLOR Hort., *Colaboute* des indigènes.

Tige de 2 à 3 mètres; feuilles glauques, violacées en dessous lors de leur déroulement; cette couleur disparaît avec l'âge, mais persiste toujours sur la côte médiane; spathes roses, caduques; régime penché, assez fourni; fruits allongés, arqués, presque prismatiques, peu serrés, d'un jaune violacé à la maturité; pulpe violacée, un peu sèche, d'un goût musqué, très estimée. Les gaînes des feuilles donnent des fibres textiles, dont les indigènes se servent pour faire leurs frondes et leurs filets de pêche.

MUSA OLERACEA Nob., *Poïéte* des indigènes.

Cette plante, qui ne fleurit jamais en Calédonie, a tout le faciès d'un *Musa*; c'est pourquoi nous la rapprochons des Bananiers.

Tige ressemblant à celle d'un Bananier, de $1^m,50$ à 3 mètres de hauteur, glaucescente, violacée, sortant d'un gros rhizome allongé, napiforme, très féculent; feuilles des *Musa*, moyennes, glauques en dessous, fortement nervées; pétioles longs, grêles et mous. La variété appelée *Gouine* diffère peu du type, et son rhizome charnu et féculent n'est pas moins prisé.

Ces trois espèces de Bananiers sont cultivées avec soin; on les plante en massifs près des habitations, ou en lignes sur le milieu des champs d'Ignames.

La Banane, appelée *Mondgui* à Balade, *Panana* à Kanala, entre pour une large part dans la nourriture des Indigènes, soit crue, soit cuite. Dans ce dernier état, elle constitue le principal aliment des enfants à la mamelle.

Les rhizomes du *Musa oleracea* se mangent bouillis ou grillés comme les Ignames, dont ils ont à peu près le goût.

Les feuilles du Bananier, déchirées en étroites lanières, servent aux femmes à faire des ceintures communes pour le travail et la pêche ; elles remplacent nos nappes de table, et sont journellement employées pour envelopper le poisson et la viande que l'on fait cuire dans les fours, etc. Les gaînes fournissent des liens pour fixer les Ignames aux rames, ou des fibres textiles pour les frondes et les filets de pêche.

Heliconia austro-caledonica Nob.

Tige grêle, élancée, haute de 3 à 5 mètres ; feuilles larges, très longues, coriaces, lisses, striées transversalement comme celles du Bananier, pétiolées, engainantes à la base ; spathes nombreuses, distiques, épaisses, lancéolées-aiguës, donnant naissance dans leur aisselle à plusieurs fleurs ; fleurs herbacées, moyennes, subtomenteuses, pédicellées, horizontales sur un spadice court, courbées et embrassées à leur base, chacune par une bractée longue, carénée, tomenteuse : capsules pédicellées, lisses, trigones, subdressées, ombiliquées au sommet, jaunes, de la grosseur d'une aveline ; loges monospermes ; graines ovées-subglobuleuses.

Les larges feuilles de cette plante servent aux indigènes à faire des espèces de bonnets assez élégants ; mais avant de les employer, ils les passent au feu pour leur donner plus de mollesse.

Si, dans les cultures indigènes, le premier rang appartient aux Ignames, le second revient de droit aux Taros. Sous la dénomination de *Taro*, on désigne généralement les rhizomes féculents et alimentaires d'un certain nombre d'Aroïdées, entre autres ceux des *Xanthosoma sagittæfolia* et *Zanthorhiza* Schott, des *Coloca-*

sia antiquorum Schott, *C. esculenta* Schott et *macrorhiza* Schott. Ces deux dernières Aroïdées étant seules cultivées en Calédonie, nous nous en occuperons exclusivement.

COLOCASIA ESCULENTA. EUCOLOCASIA ESCULENTA Schott., *Arum esculentum* Linn., Rumph., fl. Amb., *Coboué* des indigènes de Balade, *Néré* à Yaté.

Plante herbacée, vivace, à rhizome tronqué, tubéreux, napiforme ou irrégulièrement bi-trifurqué, de grosseur variable, donnant naissance à un ou plusieurs bouquets de feuilles; pétioles verdâtres ou violets, engaînants à la base; limbe pelté, cordiforme, verdâtre ou violacé, lisse, luisant; veinules apparentes en dessous, ascendantes, anastomosées à leur extrémité.

Hampes axillaires, simples, grêles, dressées, renfermées 2-3 dans la gaîne des feuilles; spathe étroite, persistante, presque aussi longue que la hampe, roulée en cornet, un peu courbée au sommet, et adhérente au spadice dans sa partie inférieure.

Spadice trois fois plus court que la spathe; ovaires nombreux, serrés, à insertion spirale, comprimés, aplatis ou trigones, entremêlés d'appendices claviformes, uniloculaires, pluriovulés; style court, pelté.

Cette espèce fournit un grand nombre de variétés, dont nous nous contenterons de citer les principales, que l'on désigne à Balade sous les noms de *Ouagape*, *Diali*, *Tirène*, *Jalape*, *Paricraoute*, *Doboua*, *Pobo*, *Ouaoua*, *Kandié*, *Tanmaoute*, *Ounégate*, *Jabouak*, *Dadi*, *Tianaboé*, *Baréuik*, *Kandiéren*, *Kiamoan*, *Diamboilate*, *Tiaoune*, *Oumou*, *Kavé*.

Les caractères distinctifs de ces variétés se tirent de la couleur verte ou violacée des feuilles et des rhizomes, de la forme du tubercule et de leur habitat; en effet, certaines d'entre elles veulent, pour bien réussir, des terrains inondés, tandis que d'autres exigent des endroits plus secs.

Les Calédoniens affectent à la culture du Taro les terres basses et humides, ou mieux encore les flancs des montagnes facilement arrosables, par la proximité d'un cours d'eau; à cet effet, ils creusent en amphithéâtre des tranchées plus ou moins longues de 2m,50 à 3 mètres de largeur, et profondes de 0m,50. On plante à sec, puis on amène l'eau qui immerge les pieds à 10 ou 15 centimètres. Le trop-plein des fosses supérieures s'écoule par un conduit dans celles qui sont au-dessous, et ainsi de suite jusqu'au bas. Le cours d'eau qui remplit ces fosses est souvent amené de fort loin au moyen d'aqueducs creusés sur le versant des montagnes; ainsi, près du Mont-Dore, on voit encore les vestiges d'une de ces conduites d'eau qui n'a pas moins de 3 kilomètres, travail vraiment gigantesque pour des peuplades qui n'avaient pas d'autre instrument qu'un pieu.

Dans les terrains plans, le niveau d'eau se fait à l'aide de tuyaux de Bambou et de gouttières creusées dans le tronc de vieux Cocotiers.

Pour les variétés qui demandent une terre plus sèche, on se contente d'un nettoyage et d'un labour, après quoi on plante en lignes, en espaçant les pieds de 50 centimètres.

En Nouvelle-Calédonie, comme à Taïti, etc., on multiplie le Taro en coupant les rhizomes à 2 ou 3 centimètres au-dessous des feuilles, dont on ne conserve que les pétioles. Au bout de douze à quinze mois, les plants ont acquis assez de développement pour être utilisés; mais ce n'est guère qu'à la fin de la seconde année qu'ils ont pris tout leur accroissement. Comme rendement, le Taro est inférieur à l'Igname, mais il lui est supérieur par ses qualités nutritives. Ce tubercule renferme un principe âcre qui disparaît par la cuisson. La manière la plus usitée de le préparer consiste à le faire cuire avec un peu d'eau dans des marmites de terre; c'est alors un aliment sain et nourrissant. Les jeunes feuilles servent aux indigènes à faire une espèce de potage maigre assez bon.

COLOCASIA MACRORHIZA. ALOCASIA MACRORHIZA Schott., *Arum macrorhizum* Linn., *Caladium costatum* Guill. Zeph. taït., *Péra* des indigènes.

Rhizome caulescent de 0m,50 à 1 mètre de hauteur, rugueux, présentant les cicatrices des anciennes feuilles; feuilles dressées, très grandes, pétiolées ; pétioles gros, lisses, canaliculés à la base, marqués de taches brunes qui leur donnent un aspect marbré ; limbe dressé, fortement nervé sur ses deux faces ; nervures secondaires anastomosées en arcades à 2 ou 3 centimètres du bord.

Hampes axillaires 3-5, entourées d'une large bractée jaunâtre, ayant presque la forme d'une spathe.

Spathe large, roulée en cornet, rétrécie à la base, ouverte supérieurement après l'anthèse, lisse, jaunâtre, réticulée, et terminée en pointe.

Spadice adhérent à la spathe et aussi long qu'elle ; extrémité supérieure stérile, assez développée, lamellée ; gynophore cylindrique ; ovaires gros, serrés, sur plusieurs lignes spirales, arrondis, lisses, uniloculaires, pluriovulés ; stigmate large, oblique, pelté, à quatre lobes, simulant une croix de Malte ; androphore étranglé à la base, six fois plus long que le gynophore ; baies de la grosseur d'un Pois, comprimées, irrégulières, lisses et rouges à la maturité ; graines 1-2, subglobuleuses, cornées, brillantes.

Cette espèce fournit plusieurs variétés dites *Diamote*, *Baouèn*, *Alendiéte* et *Ouagan*, dont les pétioles et les feuilles sont d'un beau violet velouté ; c'est celle que les indigènes cultivent de préférence.

Les rhizomes du *Colocasia macrorhiza* sont d'une âcreté extraordinaire ; ils ne peuvent guère servir à l'alimentation qu'après avoir subi deux ou trois fois l'action du feu ; aussi cette plante n'est-elle généralement cultivée que comme ornement autour des habitations.

On trouve en Calédonie cinq espèces de *Pandanus*, qui toutes ont leur utilité.

Le *Pandanus odoratissimus* Lin., *Pan* des indigènes, est très répandu sur le littoral ; ses fruits rouges et parfumés sont comestibles ; ses feuilles servent à couvrir les habitations, et ses bractées florales tiennent lieu de papier à cigarettes à Taïti, Tonga, etc.

PANDANUS MACROCARPUS (an *P. spiralis* R. Br.?), *Kellète* des indigènes.

Stipe arborescent, dressé, non rameux, couvert de feuilles dans toute sa longueur. Feuilles larges et très longues, amplexicaules, insérées sur trois rangs en spirales, rougeâtres à la base, pliées en éventail supérieurement; aiguillons des bords et de la côte médiane petits et rapprochés. Fruit gros, conique, allongé, de $0^m,25$ à 30 centimètres de longueur sur 10 à 12 de diamètre; drupes grisâtres, fibreuses, charnues, claviformes, profondément sillonnées longitudinalement, à sommet subéreux non lobé.

Croît dans les montagnes près Diaoué.

PANDANUS MINDA (nom indigène).

Stipe arborescent, dressé, rameux; rameaux penchés; feuilles amples, amplexicaules, lancéolées, linéaires, imbriquées sur trois rangs, pliées en éventail à leur extrémité supérieure; aiguillons des côtes forts et écartés.

Fruit pendant, cylindrique, allongé, de 35 à 40 centimètres de longueur sur 8 de diamètre.

Drupes fibreuses, charnues, comprimées, tuberculeuses au sommet, qui est plurilobé; lobes 6-7.

Dans les vallées intérieures à Bondé, Kanala, etc.

PANDANUS PEDUNCULATUS? R. Br.

Stipe grêle, grimpant, couvert de feuilles amplexicaules, linéaires-lancéolées, planes à la base, et pliées en éventail à leur extrémité supérieure.

Fruit arrondi, long de $0^m,10$ sur $0^m,12$-15 de diamètre, porté sur un long pédoncule foliacé.

Drupes fibreuses, cordiformes, comprimées, striées, surmontées d'une espèce de cupule transversale, à six ou huit loges.

Assez commun sur les montagnes à Balade.

PANDANUS RETICULATUS.

Stipe grimpant, couvert de feuilles linéaires, amplexicaules, dentées et épineuses sur les bords, réticulées. Fruit conoïde, subsessile, de la grosseur d'un cône de Cèdre; drupes petites, serrées, subtétragones, couronnées par le stigmate persistant, uniloculaires.

Dans les bois des montagnes à Balade-Arame, etc. Les feuilles de toutes ces espèces servent à faire des nattes et des toitures; celles des *Pandanus Minda* et *P. macrocarpus*, soumises au rouissage, donnent des fibres textiles employées pour la fabrication des pagnes de femmes.

Sur les sept espèces de *Freycinetia* que nous avons rencontrées en Nouvelle-Calédonie, une seule mérite d'être signalée ici : c'est un *Freycinetia* voisin des *F. strobilacea* et *insignis* de Blume (*Rumphia*, I, tab. 39 et 42). Ses bractées florales, larges, épaisses, charnues, d'un beau violet à la base, sont avidement recherchées par les indigènes, qui les mangent crues.

COCOS NUCIFERA W., *Nou* des indigènes.

Assez abondant sur la côte nord-est, le Cocotier est rare sur la côte opposée, où on ne le rencontre plus que de loin en loin par petits groupes isolés. Vigoureux dans la partie nord de l'île, il décline vers le sud; nulle part, du reste, il ne présente cette luxuriance de végétation qu'on lui connaît à Taïti, aux Tonga, etc. Dans ces archipels, il commence à rapporter à six ou sept ans, tandis qu'en Calédonie il ne produit qu'après quinze ans de plantation, et ses fruits sont moins nombreux, plus petits, et de qualité inférieure.

Les Néo-Calédoniens connaissent plusieurs variétés de Cocotier, que nous croyons utile de signaler :

Nou goïne. Fruit gros, à écorce verte; mésocarpe peu filandreux, charnu jusqu'à la maturité, susceptible d'être mangé comme le bourgeon terminal dont il a le goût. Assez commun à Arama et dans l'île de Balabio.

Nou bouangé. Fruit très gros, à mésocarpe filandreux. Très commun.

Nou tiguit. Fruit petit, allongé, à écorce roussâtre.

Nou pougne.

Nou do.

Nou jomalate. Fruit moyen marqué de côtes.

Nou tamen. Plusieurs fruits sur chaque ramification du régime. Peu répandu.

Nou mia. Fruit moyen, à écorce roussâtre.

Nou kigoute. Fruit moyen ; calice rouge.

Nou boibate. Noix s'ouvrant longitudinalement sous le marteau, et simulant ainsi deux valves de bénitier, comme l'indique le mot calédonien *Boibate*, bénitier.

Nou polan. Amande amère. Est-ce bien un Cocotier ? Nous n'avons jamais vu cette variété ou cette espèce que l'on nous a dit être assez commune à Diaoué.

Le Cocotier donne par an soixante-dix à quatre-vingts Cocos. Le Coco jeune et rempli de lait est appelé *Galo ;* mûr, *Nou maïou ;* germé, *Nou thième.*

Les avantages que les insulaires des mers du Sud retirent du Cocotier sont trop connus pour que nous les énumérions ici. Nous dirons cependant que les Néo-Calédoniens ont pour habitude de planter quelques-uns de ces arbres à la naissance d'un chef ou lors d'un événement important dont ils veulent perpétuer le souvenir ; ainsi on voit encore à Bayaoupe, près de Balade, un groupe de Cocotiers qui fut planté en l'honneur de Cook. Il est aussi d'usage d'abattre un ou plusieurs Cocotiers à la mort d'un individu notable.

Le Cocotier affectionne de préférence les terrains bas et sableux des bords de la mer ; cependant on le rencontre quelquefois sur des coteaux de 150 et 200 mètres d'élévation. Nous avons vu à Puébo, près de la Mission, un fort beau Cocotier chargé de fruits, implanté, à 4 mètres de hauteur, dans les bifurcations d'un *Ficus prolixa*, avec lequel il tranchait d'une manière frappante. Nous avons également observé plusieurs individus en plein rapport, quoique le stype fût creux comme un canon dans un bon tiers de sa hauteur.

Nous avons rencontré en Nouvelle-Calédonie deux *Areca*: l'une de ces espèces, appelée *Kipe*, habite la partie nord de l'île; c'est peut-être l'*Areca sapida* Forst. (*Pl. escul.* n° 53); l'autre est commune à Kanala, et se distingue de la première par son stipe grêle très élancé, de 30 à 35 mètres de hauteur, et par ses fruits beaucoup plus petits. Les stipes et les frondes servent aux mêmes usages que ceux du Cocotier.

Les bois des hautes montagnes renferment quatre autres Palmiers fort élégants, que nous croyons pouvoir rapporter au genre *Kentia* Blum. Le plus grand, connu à Balade sous le nom de *Boulou*, a un stipe de 6 à 8 mètres de hauteur, à écorce verte et lisse, marqué par les cicatrices des anciennes feuilles. Il se fend facilement et sert à faire des lattes.

Les indigènes mangent son bourgeon terminal, quoiqu'il soit un peu amer, et ils se servent de ses spathes pour puiser l'eau des embarcations.

CYCAS CIRCINALIS Linn., Forst. *Prodr. fl. insul.* n° 414, *Mouène* des indigènes.

La moelle féculente des jeunes tiges fournit un sagou passable, et les fruits, de la grosseur d'un petit Abricot, renferment une grosse amande que les indigènes mangent grillée. La noix évidée sert aux enfants à faire des sifflets.

Jusqu'à ce jour, on a confondu sous le nom de *Pin de la Nouvelle-Calédonie* trois espèces d'*Araucaria* bien distinctes, savoir : *Araucaria Cookii*, *A. subulata*, *A. intermedia*.

ARAUCARIA INTERMEDIA R. Br., *Cupressus columnaris* Forst. *Prodr. fl. insul.* n° 351.

Tronc droit, très élevé et souvent fort gros, rarement rameux, presque dénudé, ne présentant dans toute sa longueur que des rameaux grêles, dressés, apprimés, qui lui donnent une apparence de pauvreté désagréable à l'œil : on dirait un mât autour duquel on aurait collé de petites branches. Feuilles sessiles, imbriquées, cordiformes, obtuses, concaves en dedans, longues de 3 millimètres environ et larges de 4, vertes, brillantes, lisses, carénées. Fruit ovoïde, allongé, de la grosseur d'un œuf d'oie ; écailles courtement subulées, recourbées à la maturité.

Cet arbre est beaucoup moins commun qu'on ne le croit généralement ; on ne le rencontre guère qu'à la baie du Sud et sur les îlots qui entourent l'île des Pins. Cette dernière localité, que Cook avait trouvée si riche en Pins colonnaires, n'en possède plus que quelques pieds isolés, et les îlots eux-mêmes ont été si exploités, que l'administration locale a dû prendre des mesures pour empêcher cette précieuse essence de disparaître entièrement, car non-seulement on abattait les arbres, mais encore on arrachait les jeunes pieds par milliers pour les expédier à Sydney.

Bien qu'inférieur au Sapin du nord, le bois de l'*Araucaria Cookii* sert aux mêmes usages, et a rendu de grands services à la colonie La résine qui découle de son tronc peut avantageusement remplacer le coaltar.

Araucaria subulata.

Cette espèce diffère de la précédente par son tronc moins dénudé et ses feuilles sessiles, imbriquées, linéaires, subulées.

Elle habite les vallées de l'intérieur, Boudé, Kanala, etc. Bois de bonne qualité.

Araucaria Cookii Pancher, mss.

Arbre de moyenne grandeur, rameux ; rameaux assez forts, verticillés, subétalés et redressés. Feuilles sessiles, imbriquées, courbées, lancéolées, subaiguës, longues de 2 centimètres et larges de 1 centimètre, d'un vert brillant, marquées en dessus et en dessous d'une côte saillante. Chatons mâles très longs, de 10 à

12 centimètres. Strobile allongé, gros; écailles longuement subulées, réfléchies à la maturité. Bois dense, de bonne qualité.

Cette espèce est commune sur le sommet des montagnes ferrugineuses de Kanala, Titèma, etc.

DAMMARA MOORII Lindl., *Dicou* des indigènes.

Cette Conifère acquiert des proportions gigantesques; son tronc droit, sans branches, s'élève à 30 et 40 mètres de hauteur, et mesure souvent $1^{m},50$ de diamètre. Son bois est excellent, et supérieur à celui des *Araucaria*. Mais comme cet arbre se trouve dans les bois des hautes montagnes, il est d'une exploitation difficile. A Balade, Puébo, etc.

Dammara ovata Moore. Tronc très rameux, et généralement moins élevé que le précédent. Feuilles larges, ovales.

Croît sur les montagnes ferrugineuses à Yaté, Dumbea, Saint-Vincent.

Le *Dammara lanceolata* diffère du *D. ovata* par son tronc plus robuste, ses rameaux brachiés et ses feuilles lancéolées non coriaces. Peu commun dans les bois des montagnes à Kanala.

Ainsi qu'on peut le voir, chacune de ces trois espèces a sa zone de végétation. Le *D. Moorii* habite la partie nord de la Calédonie, le *D. ovata* le sud, et enfin le *D. lanceolata* les montagnes du centre.

Du tronc de ces arbres découle en abondance une résine à cassure nette, brillante, aussi dure que la colophane, connue dans le commerce sous le nom de *kaori*. Les indigènes de la Nouvelle-Calédonie se servent de cette substance pour vernir les poteries grossières qu'ils fabriquent. Les graines des *Dammara* sont fort bonnes à manger, et pour cette raison soigneusement ramassées par les Néo-Calédoniens.

Podocarpus Novæ Caledoniæ. Port du *P. spinulosus*. Feuilles allongées, molles, obtuses. Son bois, rouge comme celui du Cèdre, est de très bonne qualité.

Dacrydium ustum. Arbuste aphylle, très rameux; rameaux

dressés ressemblant à une branche de *Casuarina* roussie au feu ; écorce rugueuse, couverte d'écailles rougeâtres, aiguës, chagrinées.

Fleurs mâles en petits chatons terminaux ; écailles 6-8, petites, imbriquées, rougeâtres, rugueuses, concaves, portant deux loges anthérifères, subglobuleuses, violacées, s'ouvrant par une fente longitudinale. Grains polliniques très petits, polyédriques. Ovaire sessile, solitaire à l'extrémité des rameaux, petit, conique, rougeâtre et pruineux. Style imperceptible. Fruit bacciforme, de la grosseur d'une graine de Chanvre, rougeâtre, monosperme ; noix chagrinée ; embryon axile, périsperme farineux.

Dans les bois des hautes montagnes à Diaoué et à Poila (herb. Vieill., n° 1267), les habitants de ces localités regardent cette plante comme sacrée, et ils lui attribuent des propriétés merveilleuses.

Le bois très dense des *Casuarina equisetifolia* Forst. (*Prodr. fl. ins.* n° 334), *C. nodiflora* Forst. (*l. c.* n° 335), et celui de plusieurs autres *Casuarina* indéterminés, fournissent de bons matériaux de construction. Ces mêmes bois, appelés *Nanoui* par les indigènes, leur servent à fabriquer des zagaies et des casse-tête. L'écorce de ces arbres fournit un tan passable, et, traitée par le sulfate de fer, une teinture noire d'assez bonne qualité.

La médecine indigène emploie contre les bronchites et autres affections de poitrine les feuilles du *Piper Siriboa* Forst. (*Prodr. fl. ins.* n° 19). Nous avons préparé avec sa tige râpée un breuvage qui diffère peu du Kava.

Le *Broussonnetia papyrifera* Forst. (*Prodr. fl. ins.* n° 347), *Ava* des indigènes, est cultivé avec soin dans le voisinage des habitations. C'est avec son écorce macérée et traitée par le battage que les Néo-Calédoniens font ces sortes d'étoffes blanches dites *atilis*, *avas*, qui leur servent de ceintures, turbans, etc., et qu'ils échangent en signe de paix dans les visites et dans les fêtes.

Les fruits des *Ficus indica* Forst. (*Pl. escul.* n° 9), *F. aspera* Forst. (*l. c.*), *F. Granatum* Forst. (*ibid.* n° 8), *Oua* des indigènes, sont assez recherchés par les Calédoniens ; mais leur peu de saveur les fait dédaigner par les Européens.

Le *Ficus prolixa* Forst. (*Prodr. fl. ins.* n° 410), *Ouangui* des indigènes, acquiert en Nouvelle-Calédonie, comme à Taïti, des dimensions colossales. Le tronc de quelques-uns de ces arbres mesure de 3 à 4 mètres de diamètre. Ses branches, qui elles-mêmes sont grosses comme des arbres moyens, s'étendent presque horizontalement à 15 et 20 mètres, et forment ainsi un immense parasol. De ces ramifications descendent une quantité de racines adventives de toute grosseur; les plus anciennes, déjà enracinées depuis longtemps, simulent des piliers, tandis que les plus jeunes, munies à leur extrémité de radicelles allongées, pendent gracieusement.

L'écorce des jeunes piliers dont nous venons de parler, soumise à la macération et au battage, fournit aux Néo-Calédoniens une étoffe rousse, feutrée, résistante, qu'ils échangent en présent dans les fêtes, mais dont ils font peu d'usage comme vêtement.

C'est sous l'ombrage de ces arbres que les sorciers du nord font leurs sortiléges pour appeler le vent ou la pluie, etc.

Le *Ficus prolixa* est un des rares végétaux qui, en Nouvelle-Calédonie, renouvellent leurs feuilles chaque année. Son bois mou ne paraît pas susceptible d'emploi.

Les baies du *Ficus tinctoria* Forst. (*Prodr. fl. ins.* n° 405) renferment un suc qui, mis en contact avec les feuilles du *Cordia Sebestena*, donnent par la trituration une belle couleur rouge.

La Nouvelle-Calédonie possède une espèce d'Arbre à pain qui nous a paru différer de l'*Artocarpus incisa* de Taïti; ses feuilles sont plus larges, moins incisées, et ses fruits beaucoup plus petits renferment toujours un certain nombre de graines parfaitement développées. Cet arbre est peu commun, et ne produit qu'une fois par an.

Les jeunes tiges des *Pipturus æstuans* Wedd. (*Urtica æstuans* Forst., *Prodr.*), *Pipturus nivea* Wedd., *P. pellucidus* (*Urtica pellucida* Labill. *Setr. austr. Caled.*), donnent des fibres textiles que les femmes emploient pour la confection des pagnes.

Le *Carica papaya* Lin., dont l'introduction en Nouvelle-Calédonie remonte à une vingtaine d'années, s'est tellement propagé, que maintenant on le rencontre partout dans le voisinage des habitations. Ses fruits sont assez prisés, et les indigènes fument ses feuilles, séchées à l'ombre, en guise de tabac, lorsque ce dernier vient à leur manquer. Tout le monde sait que les viandes les plus dures, enveloppées pendant quelques heures dans ces mêmes feuilles, deviennent tendres.

Le *Ricinus communis* Lin. n'est pas non plus indigène, mais il est si commun dans certaines localités, que nous ne pouvons le passer sous silence. Les propriétés purgatives de ses semences sont bien connues des Néo-Calédoniens; ses tiges coupées par petits tronçons tiennent lieu de liége pour les filets de pêche.

Trempées dans l'eau de mer et malaxées, les feuilles des *Phyllanthus persimilis* Müll., *P. simplex*, *Melanthesa Vieillardi* Müll., des *Euphorbia Atoto* Forst. (*Prodr.* n° 207), et de deux autres espèces indéterminées, fournissent un suc purgatif dont les indigènes font un fréquent usage; les femmes l'emploient comme emménagogue, et pour provoquer l'avortement.

Une espèce d'Euphorbe frutescente, à feuilles éparses, oblongues, lancéolées, entières, très commune à Kanala, sert aux indigènes à préparer une sorte de pâte qu'ils jettent dans les rivières pour empoisonner le poisson. Le suc de cette plante est tellement corrosif, que les individus qui la récoltent sont obligés de se couvrir le corps et de s'envelopper les mains, afin de se garantir de son atteinte.

Lorsqu'on fait des incisions sur l'écorce de l'*Excœcaria Agallocha* Lin., il en découle un suc laiteux et abondant qui se coagule en une sorte de gutta-percha molle, mais que l'on pourrait probablement faire durcir, et rendre ainsi applicable aux arts. Ce suc est très âcre; aussi est-il bon d'opérer avec prudence, afin d'éviter les pustules et les ophthalmies qu'il occasionne.

L'*Aleurites* n'est pas aussi commun en Calédonie qu'à Taïti, mais il s'y présente sous deux états si différents, que nous avons cru pouvoir en faire autant d'espèces.

Aleurites triloba Forst. (*Char. gen.* 56), *Aleurites integrifolia* Nob. Feuilles larges, cordiformes, sublobées, lisses sur les deux faces; fruit gros, non purgatif, comestible. Kanala, Neketi; peu répandu.

Aleurites angustifolia Nob. Feuilles deltoïdes, allongées, étroites, le plus souvent panachées de jaune ; fruit plus petit que celui de l'*Aleurites triloba*.

Croît à Puébo, Balade, etc., à côté du *triloba*.

Les noix de ces deux espèces ou variétés renferment une huile difficile à extraire qu'on a beaucoup trop vantée ; son exploitation ne peut guère offrir d'avantages que dans les pays où les graines oléagineuses manquent entièrement. Ces mêmes noix carbonisées fournissent aux indigènes une matière noire huileuse, avec laquelle ils se peignent le corps les jours de fête et de combat.

Le bois de ces arbres, sans être de première qualité, peut cependant être avantageusement employé, surtout si on a la précaution de l'immerger pendant quelque temps dans l'eau de mer.

Une Laurinée, appelée *Hiek mangiène* par les naturels, fournit une écorce aromatique qui tient de la Cannelle et du Sassafras.

Les tiges filiformes du *Cassyta* sont utilisées pour ceintures, bracelets, etc. Le bois mou et spongieux du *Gyrocarpus* sert à faire des pirogues.

Il y a fort peu d'années, la Nouvelle-Calédonie était riche en Santal, et elle a dû en fournir au commerce pour des sommes considérables, car le produit de l'exploitation de la petite île des Pins a été évalué à plus de deux millions de francs. Aujourd'hui cet arbre est devenu tellement rare, qu'il serait difficile d'en trouver un pied susceptible d'être utilisé. Le peu de Santal que les indigènes livrent encore aux Européens provient de racines et de vieilles souches que l'abondance avait fait jadis dédaigner.

Dans toutes les localités où le Santal a été exploité, on rencontre une grande quantité de rejetons et de jeunes pieds qui, avec le temps, pourraient reboiser, si, malheureusement, ils n'étaient chaque année en partie détruits par les incendies que les indigènes allument, afin de récolter plus facilement les racines du Yolé.

Les colons eux-mêmes ne sont guère plus prévoyants que les indigènes, car, au lieu de multiplier cette précieuse essence, ils s'empressent de la détruire en arrachant les jeunes pieds qui se trouvent sur leurs propriétés.

Le Santal de la Nouvelle-Calédonie est de très bonne qualité ; il est fourni par le *Santalum austro-caledonicum* (nobis), espèce voisine du *Santalum oblongatum* R. Br.

SANTALUM AUSTRO-CALEDONICUM Nob., *Tibéan* des indigènes.

Arbre de moyenne grandeur, rameux ; rameaux dressés. Feuilles opposées, ovales ou ovales-oblongues, quelquefois linéaires sur les jeunes pousses, obtuses, pétiolées ; pétiole court, de 1 centimètre au plus de longueur ; limbe lisse, luisant, nervé, glauque en dessous ; panicules axillaires ou terminales, de moitié plus courtes que les feuilles ; pédicelles courts, brachiés, donnant naissance à trois ou cinq fleurs subsessiles ; périgone atténué à la base, quadrangulaire, à angles saillants, long de 1 centimètre, quadrilobé ; lobes lancéolés, faiblement recourbés en hameçon au sommet. Étamines 4 ; poils intérieurs courts, recourbés en dessous ; filaments assez forts ; anthères oblongues ; nectaires jaunes, de la longueur des filets ; ovaire 1-loculaire, monosperme ; style subquadrangulaire, strié, aussi long que les anthères ; stigmate trilobé. Fruit pyramidal, tétragone, de la grosseur d'une graine de Belle-de-nuit, noir à la maturité. Bois dense, citrin, très odorant.

Habite les lieux montueux et humides du littoral.

Les amandes des *Grevillea exul* Lindl. et *G. Guillivrays* Hook. sont très estimées et recueillies avec soin par les indigènes.

Le genre *Helicia* Lour. *Fl. coch.* (*Rhopala*, Sp. asiat. Blum.) renferme plusieurs espèces qui donnent de bons bois de construction. L'une d'elles, l'*Helicia discolor* ou *H. robusta* Wallich, mériterait d'être cultivée pour la beauté de ses feuilles d'un vert tendre en dessus, fortement réticulées et de couleur lie de vin en dessous.

Nous signalerons encore dans les Protéacées les *Knightia strobilina* R. Br. et *K. Deplanchei* (nobis).

Le *Knightia Deplanchei* diffère du *K. strobilina* par sa taille plus robuste, ses fleurs plus petites et ses feuilles coriaces spatulées et émarginées.

Le *Vieillardia austro-caledonica* (A. Brongniart et Gris, *Bull. de la Société botanique de France*, 1862) est un fort bel arbre.

Son bois mou et facile à travailler le fait rechercher par les indigènes pour leurs pirogues.

On trouve dans les bois des montagnes, à Balade, une autre espèce de *Vieillardia* fort curieuse.

C'est un arbre de moyenne grandeur, à feuilles subsessiles, oblongues-lancéolées, obtuses, atténuées à la base, longues de 35 à 40 centimètres; fleurs en longues panicules terminales pendantes, longuement pédicellées; fruits longs de 6 à 8 centimètres, comme quadrangulaires, fortement ombiliqués au sommet.

Ce bois est également employé dans la confection des pirogues.

L'*Hernandia cordigera* (Nob. *Herb. de la Caléd.* n° 1089) sert aux mêmes usages; c'est une espèce très intéressante qui deviendra peut-être le type d'un nouveau genre.

Fleurs monoïques, groupées trois par trois dans un involucre à 4 divisions soyeuses; les latérales mâles, longuement pédicellées, dépourvues de calicule, l'intermédiaire femelle caliculée.

Fleurs mâles : périgone coloré, à 8 divisions bisériées, obtuses, les extérieures larges, tomenteuses, les intérieures lancéolées, soyeuses. Etamines 4, opposées aux divisions extérieures; filets courts, épais, atténués à la base, libres et dépourvus de glandes; anthères biloculaires, à déhiscence longitudinale; ovaire rudimentaire, glanduleux.

Fleurs femelles : périgone tubuleux, entouré d'un calicule court, urcéolé, caduc; tube renflé, contracté supérieurement, et adhérent au style; limbe à 10 divisions caduques, bisériées, les extérieures plus larges. Étamines 5, rudimentaires, glanduleuses, libres, insérées sur la gorge du périgone; style terminal, simple, court, épais; stigmate infundibuliforme, fimbrié, à 4 lobes.

Drupe monosperme, renfermée dans le tube accru et renflé du périgone devenu spongieux intérieurement; graine renversée, *cordiforme, comprimée*. Arbre très grand, rameux, à écorce grisâtre, subéreuse; rameaux dressés, feuillés à leur extrémité; feuilles éparses, longuement pétiolées; limbe large, ovale, entier, obtus.

Inflorescence de l'*Hernandia ovigera*. Il habite dans les bois des montagnes à Balade.

Le *Plumbago zeylanica* est commun en Calédonie ; ses feuilles sont journellement employées comme vulnéraires par les indigènes.

Les feuilles du *Solanum viride* Forst. (*Pl. escul.* n° 42) peuvent se manger cuites en guise d'épinards ; les fruits un peu acides du *Solanum repandum* Forst. sont comestibles.

Les Néo-Calédoniens cultivent avec un certain soin le *Coleus Blumei* Benth., *Guilouk* en calédonien. Les tiges violettes de cette plante, mâchées et bouillies dans l'eau avec celles du *Semecarpus atra*, de l'*Eugenia Jambos* et du *Dianella ensifolia*, donnent une teinture noire avec laquelle les femmes teignent leurs pagnes.

Le bois des *Myoporum tenuifolium* et *M. crassifolium* Forst. peut être avantageusement utilisé pour l'ébénisterie.

Ainsi que nous l'avons déjà dit, les feuilles du *Cordia Sebestena* Forst. servent pour la teinture.

La plupart des Convolvulacées de la Nouvelle-Calédonie ne le cèdent en rien aux plus belles espèces cultivées. Parmi celles qui ont une utilité plus directe, nous citerons les *Ipomœa Turpethum* (R. Br. *Prodr.* 485, Forst. *Pl. escul.*, n° 52), dont les tubercules purgatifs peuvent, au moyen du lavage, devenir alimentaires, et *Ipomœa pes-capræ* S. W., *Ip. maritima* R. Br., dont les longues tiges traçantes fixent les sables et favorisent la formation des attolons.

Les Néo-Calédoniens ont longtemps dédaigné la patate douce, *Batatas edulis* Chois., à cause de son origine étrangère ; mais sa culture facile, l'abondance et la bonté de ses produits ont fait tomber toutes les préventions, et aujourd'hui ses tubercules qui, il y a quelques années, étaient tout au plus bons pour les femmes et les étrangers, sont mangés sans répugnance par les hommes.

Les Européens mangent les feuilles de cette plante en guise d'épinards ; le suc laiteux des tiges sert aux femmes pour le tatouage.

Le *Spathodea Rheedii* mérite par son feuillage et ses grandes et belles fleurs blanches d'attirer l'attention ; son bois d'ailleurs est de bonne qualité.

Très abondant dans les localités basses et humides, l'*Erythræa australis* R. Br. est un excellent succédané de l'*E. Centaurium* Linn.

On rencontre très fréquemment sur le littoral une espèce de *Cerbera* voisin du *C. Manghas*, dont le tronc fournit un suc laiteux et visqueux qui se coagule en une sorte de gutta-percha. Ses fleurs, assez grandes, d'un blanc violacé, ont une odeur de jasmin; ses fruits, de la grosseur d'un œuf d'oie, servent aux jeunes filles à jongler. C'est à tort que les Européens regardent cet arbre comme vénéneux.

L'écorce de l'*Ochrosia elliptica* Labill. donne un suc purgatif très employé dans la médecine indigène.

Les bois des *Ochrosia parviflora*, *Alstonia plumosa* Labill., *Alst. costata* R. Br , *Alst. angustifolia* Wall., sont de bonne qualité. Celui du *Carissa grandis* Bert. mss. (Guill. *Zeph. taït.*) est très serré et propre à l'ébénisterie.

Les genres *Maba* Forst., *Diospyros* Linn., *Mimusops* Linn., *Chrysophyllum* Linn. et plusieurs Myrsinées fournissent d'excellents bois de construction.

Les Néo-Calédoniens font un grand usage des feuilles du *Sonchus lævis* Camer. Le plus souvent ils les mangent crues après les avoir malaxées et trempées dans l'eau.

Les racines du *Morinda tinctoria* Roxb. (*Fl. indic.*), coupées par fragments et bouillies avec les feuilles d'une Myrtée voisine des *Barringtonia*, fournissent aux indigènes une couleur rouge dont ils se servent pour teindre les cordons qu'ils tressent avec le poil de la grande Roussette; ses fruits charnus, de la grosseur du poing, jaunes, bosselés, ont un goût un peu aigrelet et sont avidement recherchés par les femmes et les enfants.

C'est en mâchant les bourgeons résineux des trois *Gardenia* suivants que les Néo-Calédoniens préparent cette gomme-résine jaunâtre, aromatique, appelée *Oudièpe*, dont ils se servent pour calfater les joints de leurs pirogues et boucher les fissures de leurs flûtes.

GARDENIA OUDIEPE (nom indigène).

Arbre de moyenne grandeur, à rameaux étalés, feuillés à leur extrémité. Feuilles pétiolées, très grandes, de 20 à 30 centimètres de longueur, ovales-oblongues, entières, lisses, atténuées à leurs deux extrémités, fortement nervées, transversalement réticulées ; pétiole gros, prismatique. Fleurs...? Fruit ovoïde de la grosseur d'un œuf, subsessile, penché, chagriné, d'un jaune-citron à la maturité, couronné par les divisions calicinales accrues en membranes larges, falciformes, nervées, lisses, aussi longues que le fruit.

Croît dans les bois des hautes montagnes à Balade.

GARDENIA AUBRYI Nob.

Diffère du précédent par sa taille moins élevée ; par ses feuilles beaucoup plus petites, ovales-elliptiques, comme vernissées, rudes au toucher ; par ses fruits moins gros, pédicellés, dressés, fortement striés et couronnés par quatre membranes falciformes oblongues.

Sur les montagnes à Yaté.

GARDENIA SULCATA Gærtn.?

Arbuste de 3 à 4 mètres de hauteur, très rameux. Rameaux dressés, à écorce d'un gris cendré comme vernissé, à bourgeon résineux. Feuilles subsessiles, lancéolées, obtuses, luisantes, veinées. Fleurs subsessiles, solitaires dans l'aisselle des feuilles, grandes, blanches, odorantes ; calice à 4 divisions, comme ailées, décurrentes, plus courtes que le tube de la corolle. Fruit ovoïde, de la grosseur d'une noix, à pédicelle strié, chagriné et couronné par les divisions du calice non accrues, jaune-citron à la maturité.

Très commun sur le littoral.

GARDENIA EDULIS.

Arbuste de 3 à 4 mètres de hautéur, très rameux. Rameaux

dressés, dichotomes, aplatis ou subtétragones. Feuilles pétiolées ovales, obtuses, entières, lisses, d'un beau vert, luisantes, fortemen nervées en dessous. Fleurs terminales, blanches, assez grandes, odorantes, réunies 3-5 à l'aisselle d'une bractée scarieuse, caduque; calice très court, tubuleux, à 5 divisions aiguës, scarieuses; tube six fois plus long que le calice, cylindrique, renflé dans son tiers supérieur, à divisions larges, lancéolées, aussi longues que le tube. Fruit arrondi, de la grosseur d'une orange, lisse, noir à la maturité, renfermant une pulpe d'assez bon goût que les indigènes mangent avec plaisir.

Croît à Balade, Puébo et Arama, dans les terrains imprégnés d'eau saumâtre.

Plusieurs Araliacées produisent des gommes que les Néo-Calédoniens utilisent comme aliment, mais qui se dissolvent trop mal dans l'eau pour avoir de l'intérêt au point de vue commercial.

Les feuilles du *Panax Manguette*, *Jek manguette* des indigènes, sont très employées comme topiques sur les brûlures, les furoncles, etc.

PANAX MANGUETTE (nom indigène)

Arbrisseau à tige le plus souvent simple, à écorce grisâtre, tuberculeuse, marquée par les cicatrices des anciennes feuilles. Feuilles alternes au sommet de la tige ou des rameaux, simples ou trilobées, longuement pétiolées; pétiole dilaté à la base, semi-amplexicaule, canaliculé, lisse et cylindrique dans le reste de sa longueur, avec un petit renflement vers le milieu; folioles pétiolées, larges, inégales, subcordées, orbiculaires, entières, ondulées sur les bords, glauques en dessus, nervées, d'un vert pâle en dessous; lobe médian plus large et plus longuement pétiolé que les latéraux.

Inflorescence en panicule terminale ou axillaire, très longue, grêle, à divisions subverticillées; verticilles éloignés, à rameaux dressés, présentant 3-5 articulations, les inférieures plus longues, dilatées à la base, munies d'une large stipule; les supérieures plus courtes avec deux stipules, petites, conniventes.

Ombelles multiflores; fleurs petites, herbacées, pédicellées; calice adhérent à l'ovaire, conique, à 5 dents, courtes, obtuses; corolle à 6 ou 8 pétales, lancéolés aigus, réfléchis, insérés sur le bord d'un disque épigyne; étamines 7-8, insérées avec les pétales et alternes; filaments courts, à anthères biloculaires, oblongues, introrses; styles 5-7, dressés, connivents à la base; stigmates simples.

Baie globuleuse, petite, couronnée par le calice et les styles persistants, noire à la maturité.

Cet arbuste, qui est très commun dans la partie nord de l'île, ne se retrouve pas dans le sud; nous ne l'avons jamais rencontré que dans le voisinage des habitations.

Les *Grissois racemosa* Labill., *G. montana*, et plusieurs autres, sont de fort beaux arbres; leur bois est de bonne qualité. Nous en dirons autant d'un *Weinmannia* voisin du *Weinmannia australis* de Cunningham.

On trouve en Calédonie deux espèces de *Terminalia*, le *T. glabrata* Forsk. et le *T. Catappa* Linn. Le bois de ces deux arbres est très dur et leurs fruits sont comestibles.

Les Palétuviers sont très répandus; on les rencontre particulièrement à l'embouchure des rivières et dans les terrains vaseux qui avoisinent le bord de la mer.

Le *Rhizophora Mangle?* Linn. est l'espèce la plus commune; il forme à lui seul de véritables bois très pénibles à parcourir à cause du lacis serré et inextricable de ses racines adventives qui, après s'être enfoncées en terre, donnent naissance à de nouvelles tiges. Le plus souvent, le tronc de cet arbre se trouve élevé à 2 ou 3 mètres au-dessus du sol, auquel il est fixé par plusieurs grosses racines aériennes tendues obliquement comme des haubans: on dirait un grand candélabre à plusieurs pieds.

M. Aug. de Saint-Hilaire a donné une explication très exacte de ce phénomène qui se produit comme il l'avait supposé, savoir: « Que la première racine se détruit après que des racines adven- » tives se sont échappées au-dessus d'elle de la partie inférieure » de la tige; que cette partie s'est oblitérée à son tour avec les ra- » cines qu'elle avait fait naître; qu'une portion de tige plus élevée

» a également produit des racines bientôt détruites de la même » manière, et que des formations et des destructions successives » n'ont cessé de se répéter, jusqu'à ce que la tige se soit trouvée » portée par de longues racines adventives à une élévation consi- » dérable au-dessus du sol (1). »

Le bois de ce palétuvier n'est bon que pour le chauffage ; ses racines adventives servent à faire des clayonnages et des nasses. Son écorce renferme du tan et passe pour fébrifuge aux Nouvelles-Hébrides.

Le *Bruguiera sexangula* Steud. (*Rhizophora sexangula* DC.) est un peu moins commun que le précédent. Son tronc assez gros et assez élevé, dépourvu de racines adventives, fournit un excellent bois de construction. Son écorce renferme du tannin comme celle du *Rhizophora Mangle*.

Dans les moments de pénurie, les Néo-Calédoniens mangent, après les avoir fait macérer pendant quelque temps, les longs turions qui se développent à la place du fruit dans la plupart des Rhizophorées ; ils mangent également les feuilles épaisses et charnues d'un arbre qui croît au milieu des palétuviers, mais que nous ne savons à quelle famille rapporter.

C'est un arbre de moyenne grandeur, de 6 à 15 mètres de hauteur, à écorce grisâtre, rugueuse, très rameux ; jeunes pousses subtétragones, dressées, très cassantes. Feuilles opposées, entières, charnues, ovales-obtuses, luisantes, faiblement nervées, à pétiole court, comme articulé. Fleurs grandes, terminales, solitaires, de 3 centimètres de diamètre ; calice cupuliforme, à 6 dents allongées, aiguës, verdâtres à l'extérieur, d'un blanc pétaloïde intérieurement, à préfloraison valvaire ; pétales nuls ; étamines indéfinies, à anthères arrondies, insérées sur le calice ; style filiforme, stigmate subcapité. Fruit gros, bacciforme, subglobuleux, aplati, entouré comme celui de *Maba*, par le calice persistant ; divisions calicinales recourbées après l'anthèse ; loges nombreuses, 15-18, séparées par des cloisons minces ; semences nombreuses, aplaties, courbées, entourées d'une pulpe charnue.

(1) A. de Saint-Hilaire, *Leçons de botanique*, p. 90.

Les jeunes tiges du *Melastoma denticulatum* Labill. donnent des fibres textiles de bonne qualité.

Melaleuca viridiflora Gærtn., *Niaouli* des indigènes. Cet arbre est tellement abondant, qu'il imprime une physionomie spéciale à la végétation des parties basses. Son tronc tortueux, peu fourni en branches, son écorce blanche souvent fendillée ou déchirée, ses rameaux élancés, garnis de feuilles étroites, coriaces, d'un vert sombre, lui donnent un aspect de tristesse que son insociabilité rend fatigante. Le *Niaouli*, en effet, ne permet à aucune essence de croître dans les lieux qu'il occupe ; il forme presque à lui seul les bois qui couvrent la zone de terre qui s'étend de la mer au pied de la montagne, ainsi que ceux des vallées intérieures et des basses montagnes. Ces bois ne sont cependant pas continus : de place en place ils sont coupés par des oasis dans lesquelles on chercherait vainement un pied de *Melaleuca viridiflora*.

L'écorce du *Niaouli* est très épaisse ; elle est formée par une très grande quantité de lames minces comme de la baudruche, qu'avec un peu de patience on parvient à isoler. Les Néo-Calédoniens enlèvent cette écorce par grandes plaques, pour couvrir les cases et en tapisser les parois intérieures ; ils l'emploient aussi à calfater les coutures de leurs pirogues, etc., et comme elle est très inflammable, ils en font des torches pour s'éclairer lorsqu'ils voyagent de nuit.

Le bois du *Niaouli* est dense et de bonne qualité, mais comme il est rarement droit, on ne l'utilise guère que pour le charronnage. Ses feuilles aromatiques donnent par la distillation une huile volatile qui ne paraît pas différer de l'huile de Caja-puti, dont elle a toutes les propriétés médicinales.

Les fruits du *Jambosa vulgaris?* DC. sont fort recherchés par les indigènes et même par les Européens, qui en font de bonnes confitures.

Le *Barringtonia speciosa* Linn. fil. (*Suppl.* 312) est rare ; ses amandes broyées et jetées à la mer passent, en Calédonie comme à Taïti, pour avoir la propriété d'enivrer le poisson. Ceux du *Stravadium spicatum* Blum. ont, dit-on, la même vertu.

Sous le nom de *Ouàboune*, les Néo-Calédoniens désignent un

petit arbuste voisin des *Barringtonia*, très commun sur les montagnes de Balade. Ses feuilles, bouillies avec les racines du *Morinda tinctoria*, donnent la belle couleur rouge dont nous avons déjà parlé.

Les bois de divers *Eugenia*, *Caryophyllus*, etc., sont de bonne qualité et peuvent rendre des services.

Le *Lagenaria vulgaris* Ser. croît spontanément en Calédonie ; ses fruits vidés servent à conserver de l'eau ou sont employés comme appareils natatoires par les femmes qui vont à la pêche sur les récifs. A l'aide de cette calebasse, elles peuvent parcourir à la nage de très grandes distances ; en entourant de cordes ou de lianes la partie amincie qui touche au pédoncule, elles produisent des bourrelets sur ces fruits dont elles se servent comme parure.

Très commun partout, le *Cucumis aspera* Forst. (*Prodr. fl. ins.*) donne des fruits peu savoureux, mais goûtés des Néo-Calédoniens.

Le *Cucumis Citrullus* (*Kavé poaka*) et le *Cucurbita Pepo* (*Kavé*), sont maintenant cultivés partout, même dans les tribus de l'intérieur.

Le *Portulaca flava* Forst. (*Pl. escul.* 72) ne diffère du *P. oleracea* que par ses fleurs jaunes. Cette plante est très commune, et remplace avantageusement le Pourpier commun.

Les feuilles du *Tetragonia expansa* Ait. (*T. halimifolia* Forst. *Prodr.* 223), apprêtées comme les épinards, sont un excellent manger.

Le *Rubus elongatus* Smith. (*Icon.* f. 3) produit beaucoup ; ses fruits rouges, de la grosseur d'une mûre, un peu acides, sont presque aussi bons que ceux du Framboisier.

Une Chrysobalanée encore indéterminée fournit aussi un fruit comestible fort prisé par les indigènes.

Le bois des *Acacia laurifolia* Willd. *Sp.*, *A. spirorbis* Labill., *A. glandulosa* Forst., *A. myriadena ?* Bert., sont de bonne qualité.

Le *Castanospermum australe ?* A. Cun. est rare ; ses graines, de la grosseur d'une châtaigne, sont farineuses et excellentes cuites.

Les graines volumineuses des *Mucuna gigantea* et *M. monosperma* DC., sont également bonnes à manger et assez recherchées.

Sous les noms de *Baïte* et de *Yalé* dans le nord, *Magniagna* dans le sud, les Néo-Calédoniens désignent deux légumineuses qui ont tous les caractères des *Dioclea*. Ces plantes sont très abondantes, et leurs grosses racines charnues, féculentes et comestibles, sont fort prisées en tout temps ; leurs feuilles sont un très bon fourrage, surtout pour les bêtes à cornes, et leurs longues tiges traçantes, bouillies et raclées, donnent une filasse très forte, spécialement employée à la confection des filets de pêche.

Les feuilles d'une espèce de *Desmodium*, traitées par la chaux comme celles des Indigofères, fournissent une belle couleur bleue bien connue des indigènes.

Les graines rouges tachées de noir de l'*Abrus precatorius* sont utilisées pour faire des colliers et orner les flûtes, etc. Ses racines ont un goût de réglisse très prononcé.

Lablab perennis DC. *Prodr.*, *Dolichos albus* Loureir. *Fl. coch.*

Cette plante est très commune sur le littoral. Les femmes recueillent ses gousses qu'elles font griller sur les charbons ; les graines, cuites ainsi dans leur enveloppe, sont de fort bon goût. Dans les commencements de l'occupation, les colons ont souvent remplacé les haricots par les semences de *Lablab*.

Semecarpus atra (*Rhus atra* Forst. *Prodr.* 142), *Nolé* des indigènes.

Tronc droit, généralement peu élevé, très rameux, à écorce subéreuse, grisâtre, imprégnée d'un suc blanc laiteux qui se durcit à l'air et se transforme en une laque noire brillante. Rameaux dressés. Feuilles alternes, courtement pétiolées, à pétiole épais et comme articulé ; limbe allongé-elliptique, atténué à la base, obtus au sommet, coriace, cassant, fortement nervé, d'un vert glauque en dessus, cendré et aréolé en dessous. Inflorescence en thyrses terminaux; fleurs dioïques.

Fleurs mâles : en thyrses allongés ; 5-6 fleurs sur un pédicelle commun, munies chacune d'une bractée scarieuse, fleur centrale plus développée que les autres ; calice herbacé, petit, urcéolé, à 5 dents dressées, obtuses, scarieuses sur les bords, tomenteuses; corolle à 5 pétales coriaces, verdâtres, insérés sur un disque, plus longs que le calice, lancéolés-aigus, étalés, concaves, à préfloraison valvaire, subimbriquée; étamines 5, insérées sur le réceptacle, opposées aux divisions calicinales; filets subulés, courbés en dedans, à anthères courtes, oblongues, biloculaires; ovaire remplacé par un disque charnu couvert de poils noirs.

Fleurs femelles : 5-6 sur des pédicelles courts, terminaux, divariqués; calice et corolle comme dans les fleurs mâles; ovaire réniforme, velu, porté sur un disque charnu convexe; styles 3, divariqués, incurvés. Fruit dressé, charnu, de la grosseur d'une prune, allongé transversalement et surmonté par une noix ligneuse réniforme. Ce disque charnu, qui a une belle couleur rouge à la maturité, est fort recherché par les indigènes, qui en font une grande consommation : écrasé dans l'eau, il donne une boisson fermentescible qui a quelques rapports avec le cidre. La noix, comme celle de l'acajou, contient une huile caustique très inflammable; l'amande grillée est mangeable.

Le suc laiteux de cet arbre et la gomme laque qui en provient sont un poison bien connu des indigènes, qui, malheureusement, s'en servent trop souvent. Cette même laque, délayée dans l'eau, donne une belle teinture noire.

Les individus, européens ou indigènes, qui exploitent le *Nolé*, sont fréquemment atteints d'une éruption cutanée très difficile à guérir. L'expérience nous a appris que le remède le plus efficace contre cette affection était celui que les Néo-Calédoniens ont coutume d'employer : il consiste à réduire en poudre du charbon de bois et à en appliquer une couche assez épaisse sur la partie affectée. Du douzième au quinzième jour la croûte se détache, et la peau, parfaitement guérie, ne présente aucune trace de cicatrice.

Le bois du *Nolé* est mou et facile à travailler, aussi est-il très recherché pour les pirogues, malgré les inconvénients qui résultent de son exploitation. C'est dans les troncs secs de cet arbre que les Calédoniens trouvent les larves du ***Mallodon costatus*** Montron, dont ils sont très friands.

Dans presque toutes les cases on trouve, mis en réserve, des fragments de bois du *Ceanothus capsularis* Forst. (*Prodr.*). C'est en frottant un autre morceau de bois plus dur sur ces fragments que les Néo-Calédoniens se procurent du feu.

Les *Pomaderris elliptica* Labill., *P. zizyphoides* Guil. (*Zeph. taït.*) fournissent des bois d'assez bonne qualité. Nous ferons la même observation pour plusieurs *Trichilia* et pour le *Xylocarpus*.

CLUSIA PEDICELLATA Forst. *Prodr.* 390, *Mou* des indigènes.

Cet arbre laisse suinter une gomme-résine d'un beau jaune, en partie soluble dans l'eau; ses fruits charnus sont comestibles. Bois médiocre.

Parmi les autres Guttifères de la Nouvelle-Calédonie, le *Oup* mérite toute notre attention, à cause de la qualité de son bois, qui peut rivaliser avec les meilleures essences connues. Cet arbre forme une espèce remarquable dans le genre *Montrouziera*. *M. cauliflora* Planch. et Triana (*Ann. sc. nat.*, 4ᵉ série, t. XIV, p. 294); il diffère par quelques légers caractères, et par son port, des deux autres espèces de ce genre, mais ces différences n'ont pas paru suffisantes aux auteurs de la *Monographie des Clusiacées* pour établir une distinction générique, et nous nous sommes rangé à leur opinion.

MONTROUZIERA CAULIFLORA Pl. et Tr., *Oup* des indigènes.

Arbre de 30 à 35 mètres et plus. Tronc droit, très gros, sans branches dans les deux tiers de sa hauteur. Rameaux rugueux à cause des cicatrices des feuilles. Feuilles éparses, rapprochées, coriaces, spathulées, oblongues, entières, obtuses, glabres, à côte médiane très prononcée; pétiole court, articulé à la base. Fleurs assez grandes, d'un blanc violacé, pédicellées sur le bois de l'année précédente.

Calice persistant à 5 divisions, les extérieures coriaces, petites, obtuses, scarieuses sur les bords, les intérieures longues, concaves, obtuses; pétales 5, hypogynes, alternes avec les divisions du calice, ovales, obtus, concaves, cinq fois plus longs que le calice, à préfloraison enroulée; étamines divisées en 5 phalanges, insérées sur le bord d'un disque quinquélobé, opposées aux pétales, concaves à la base et divisées au sommet en filaments courts, inégaux; anthères extrorses, biloculaires, à déhiscence longitudinale.

Ovaire libre, subtétragone, quadriloculaire ; ovules ascendants, attachés à l'angle central des loges et superposés en deux séries ; style court; stigmate quadrifide, à divisions aiguës. Fruit.....

Dans les bois des montagnes à Puébo, Yenguen ; bois citrin, très dur.

CALOPHYLLUM INOPHYLLUM Lin., *Pit* des indigènes.

Ce bel arbre ne se rencontre que sur le littoral. Son bois, dur, rouge, veiné, est susceptible d'un beau poli qui le fait recherches par l'ébénisterie ; sa noix donne une huile très bonne pour l'alimentation; brûlée, elle fournit aux indigènes une matière noire qui leur sert à se barbouiller le corps. Dans quelques îles des mers du Sud, ses feuilles pilées passent pour avoir la propriété d'enivrer le poisson.

Les bois des montagnes fournissent une autre espèce de *Calophyllum* très précieux pour les constructions, à cause de la hauteur de son tronc, qui s'élève sans branches à 15 et 20 mètres.

Cette espèce, que les indigènes appellent *Pio,* et que nous nommons *Calophyllum montanum*, est ainsi caractérisée : Tronc droit très élevé, à écorce fendillée, résineuse. Rameaux dressés, les jeunes striés, aplatis, comme tomenteux. Feuilles quaternées au sommet des rameaux, pétiolées, elliptiques-lancéolées, entières, obtuses, luisantes, à nervures transversales très serrées. Inflorescence en grappes axillaires; pédoncules uniflores, subopposés; calice à 4 sépales colorés, concaves, obtus; pétales 4, jaunes; étamines nombreuses, polyadelphes à la base. Drupe ovoïde, de la grosseur d'un gland, lisse, monosperme, longuement pédicellée et couronnée par le style persistant.

Bois rouge veiné, très résistant.

Le *Citrus hystrix* DC. (*Cat. hort. monsp.*), *Dongane* des indigènes, donne des fruits assez gros, qui renferment une pulpe sèche, un peu amère ; très mûrs, ils peuvent servir à faire une limonade passable.

XIMENIA ELLIPTICA Forst. *Prodr.* 162.

Ce charmant arbuste donne un fruit jaune qui ressemble à une prune ; quoiqu'il ait un goût très prononcé d'amandes amères, on peut le manger impunément ; son amande est purgative et souvent employée dans la médecine indigène.

Les *Elæocarpus speciosus* et *persicifolius* Ad. Brongniart et Gris (*Bulletin de la Société botanique de France*, 1861) fournissent d'assez bons bois de construction.

Plusieurs *Sterculia*, entre autres le *Sterculia longifolia* Vent., sont utilisés comme plantes textiles.

Le *Melochia odorata* Forst. (*Prodr.* 254) est un fort joli arbuste dont les fleurs odorantes sont fort recherchées par les abeilles.

Les Néo-Calédoniens appellent *Manite* une Malvacée dont ils mangent les feuilles bouillies ; les Européens eux-mêmes s'en servent quelquefois en guise de choux.

Plante suffrutescente très rameuse ; rameaux dressés, comprimés, verts ou violacés. Feuilles alternes, courtement pétiolées, palmées, à 5-7 lobes plus ou moins allongés, dentés et ondulés sur les bords, à nervure médiane très prononcée, rougeâtre, tomenteuse, souvent panachés de violet. Fleurs inconnues.

Cette plante est généralement cultivée dans le voisinage des habitations.

Indépendamment du *Paritium tiliaceum* A. Juss., et de sa variété *tricuspis* Guill. (*Zeph. taït.*), on trouve en Nouvelle-Calédonie une autre espèce de *Paritium*, que les indigènes cultivent comme plante alimentaire sous le nom de *Paoui*.

Le *Paritium Paoui* est un arbuste de 3 à 4 mètres de hauteur ; il diffère du *P. tiliaceum* par ses feuilles plus larges, toujours entières et ses fleurs plus petites.

A l'époque de la plantation des Ignames, les indigènes choisissent sur les vieilles souches les scions les plus droits et les moins rameux, et les plantent en ligne à 2 ou 3 mètres de distance. La seconde année, on pratique sur chaque pied, à 2 ou 3 centimètres au-dessus du sol, une incision annulaire de 3 à 4 centimètres, qui intéresse toute l'écorce. Cette opération ralentit d'abord la végétation, mais bientôt la plante reprend toute sa vigueur, et il se forme un bourrelet épais au-dessus de l'incision. Toute la partie corticale supérieure participe à cet accroissement et se remplit de sucs amylacés qui la rendent alimentaire. Très souvent la partie qui avoisine le bourrelet a une épaisseur de 2 à 3 centimètres. Quand les indigènes veulent faire usage de cet aliment, ils font griller la branche sur les charbons, enlèvent l'épiderme par le raclage, et mâchent les couches corticales. L'espèce de filasse qui résulte de cette mastication est utilisée pour faire des pagnes, des cordes, etc.

Les fleurs du *Paoui*, ainsi que celles de plusieurs autres Malvacées, remplacent avantageusement la Guimauve comme émollientes. Son bois mou et léger sert de liége pour les filets de pêche; il est aussi utilisé pour obtenir du feu par frottement.

Le *Thespesia populnea* DC. (*Kabaoui* des indigènes) est rare. Son bois rouge, odorant, susceptible d'un beau poli, est très recherché pour l'ébénisterie.

Lorsqu'on incise les capsules et les jeunes pousses, il en découle un suc rougeâtre qui passe pour avoir quelques propriétés médicinales.

Le *Gossypium religiosum* Linn. est très répandu; mais, bien qu'il ait une soie fort belle, ses capsules sont trop petites pour être exploitées avec profit.

Les *Cardamine sarmentosa* Forst. (*Prodr.* 529), *Lepidium piscidium* Forst. (*Pl. escul.* 39), *Senebiera*..., peuvent remplacer le Cresson et les autres antiscorbutiques.

Paris. — Imprimerie de L. Martinet, rue Mignon, 2.

www.ingramcontent.com/pod-product-compliance
Ingram Content Group UK Ltd.
Pitfield, Milton Keynes, MK11 3LW, UK
UKHW021515260726
13993UKWH00004B/1692